高密度老城区
教育建筑的升级改造

陈智远　编著

同济大学出版社 · 上海

内 容 提 要

本书以实际工程案例为依据，分四个部分阐述了不同目标需求的教育历史建筑升级改造过程，即建筑修缮、建筑规划与设计、历史保护建筑的改造与应用及建筑的现代化改造。其中，第一部分侧重于修缮方案分析，第二部分侧重于功能诉求与改造方案分析，第三部分侧重于社会影响与方案分析，第四部分侧重于社会影响与应用价值分析。

本书内容涵盖教育历史建筑升级改造的基本概念、主要类型与特点、不同情况下的功能需求、不同的方案设计和不同的社会影响等内容，并通过工程案例对上述各内容进行具体分析。本书适合于相关专业的工程技术人员参考。

图书在版编目(CIP)数据

高密度老城区教育建筑的升级改造 / 陈智远编著. —上海：同济大学出版社，2022.7

ISBN 978-7-5765-0295-4

Ⅰ. ①高… Ⅱ. ①陈… Ⅲ. ①教育建筑–旧房改造–研究 Ⅳ. TU244.9

中国版本图书馆 CIP 数据核字(2022)第 131537 号

高密度老城区教育建筑的升级改造

陈智远 **编著**

责任编辑 姚烨铭 **责任校对** 徐春莲 **封面设计** 张 微

出版发行 同济大学出版社 www.tongjipress.com.cn

(地址:上海市四平路 1239 号 邮编:200092 电话:021-65985622)

经　销 全国各地新华书店、网络书店

印　刷 江苏凤凰数码印务有限公司

开　本 710 mm×1000 mm 1/16

印　张 10.75

字　数 215 000

版　次 2022 年 7 月第 1 版

印　次 2022 年 7 月第 1 次印刷

书　号 ISBN 978-7-5765-0295-4

定　价 78.00 元

序一

近年来，城市更新已上升为国家战略，它是我国城市发展方式由粗放到精细、由增量到存量、由数量到质量的一种根本性的转变。上海作为中国最大的经济中心城市，又是近现代中国工商业发展最早、最成熟的大都市，城市更新也走在了全国的前列。从20世纪90年代开始，上海历经了产业结构的战略性调整和城市功能的历史性转变，随之也诞生了一大批产业转型与老旧工业建筑更新改造和老旧小区更新改造的案例，使产业能级和城市面貌发生了翻天覆地的变化。

大量城市更新的实践比较多地集中在产业空间、居住空间和公共空间的更新，就教育空间的更新改造而言，案例还是比较少的，尤其是在城市的老城区，由于这类建筑的改造涉及面更广更复杂，难度往往也更大，所以成功的案例就显得十分鲜见。难能可贵的是，在上海人口密度最高、老旧建筑最多、区域面积最小的黄浦区，居然陆续有一批在设计、功能、质量和外形上都堪称一流的教育建筑改造实例展现在人们面前。它们在高楼林立的黄浦区并不显山露水，也成不了所谓的“政绩工程”，却是实实在在地惠泽于社会、造福于百姓的“民心工程”。

在这批成功的教育建筑改造和创新的背后，除了有众多关心教育的领导和各界人士的重视支持外，还有一位长期执着于此的“幕后英雄”不能不提，他就是本书的作者陈智远先生。一次偶然的机会我与他相识，当得知他毕业于上海师范大学建筑工程学院时还十分诧异，因为不曾想到上师大还有此专业。原来是因当时的主管部门考虑到教育建筑的特点而设立的。非常值得敬佩的是，陈智远先生毕业分配到黄浦区教育局工作后，尽管岗位平凡、工作内容也日复一日变化不大，但他能在大多数人都按部就班、朝九晚五的工作中，不甘平淡、坚守抱负，并在工作中找到乐趣、找到兴奋点。尤其是能够坚持不懈、持之以恒，在实践中勤于思考、不断探索、善于总结，而且笔耕不辍，用自己的聪明才智，让平凡工作得以发光添彩。在不惑之年，将长年积累的实践经验上升为理论，给更多的人以启发和借鉴。这种具有“匠心”和“创心”的职业精神，数年如一日的坚韧性以及在工作中的创新意识，都是非常值得所有人学习和敬佩的。从这个意义上讲，陈智远先生的这本书，其价值已远远超出了书的本身。

夏雨

2022 年 3 月 21 日

序二

黄浦区位于上海中心城区的核心地区，以上海的母亲河“黄浦江”命名。这里是中国共产党的诞生地、海派文化的发源地、上海素质教育和精品教育的标杆区。黄浦区内校舍教育资源丰富，各类不同建筑形式和建成年代的校舍比比皆是，从1949年前租界的法式建筑，到新中国成立后的苏式建筑，从改革开放后的“中走廊南北式”教学楼，到新世纪后以多功能教育教学空间拓展为目标的综合型校舍。校舍建筑的变化承载着教育理念发展的变迁，校舍建筑作为凝固的艺术见证了黄浦精品教育发展的历程。

黄浦区作为上海开埠后历史最悠久的老城区，尚有许多学校属于“一楼一校”的情形，学生的生均用地面积、室外活动场地面积、绿化率指标等距离上海市的相关标准有不小的差距。随着教育综合改革的深入，在黄浦区教育设施现有条件的基础上，通过城市更新盘活存量零星校舍，充分利用空间资源，彰显历史文化风貌，综合提升学校的教育设施和教学环境品质，努力探索出一条符合中心城区特点的黄浦区教育校舍建筑发展之路，是一项体现“人民城市人民建，人民城市为人民”发展思想的重要实践。

陈智远同志深耕黄浦教育设施建设工作多年，根据自身实际工作经历编写了本书。书中各类丰富的案例突出体现了作者因地制宜解决问题的规划设计思路和保护传承历史建筑风貌的探索，建成案例产生了良好的社会影响。

该书内容详细、技术性强，十分具有借鉴价值。

2022年3月28日

前言

上海市黄浦区作为典型的高密度老城区，其建筑的使用寿命普遍较长，至今已显破旧并出现了不同程度的损坏。社会资源再布置对历史建筑的功能提出了更高的要求，迫切需要对其进行硬件与软件的扩充。同时，城市发展需要对原先的建筑规划进行再优化。因此，高密度老城区的发展面临着不同程度与规格的升级改造问题。

本书基于实际工程项目，从背景、需求、技术方案和施工等不同角度，阐述了老城区教育建筑的升级改造过程。根据实际项目在升级改造过程中的特点，将所叙的工程案例分为四部分讨论。

第一部分为建筑修缮，基于3个实际工程案例(包括光启南路161号中华幼儿园修缮工程、北京东路566号北京东路小学校舍大修工程、局门路478号上海师范专科学校附属小学校舍安全工程)，从不同角度(包括项目概况、功能诉求、修缮方案与内容、社会影响分析、项目总结)对建筑修缮的内容和过程进行阐述和分析，达到工程总结和案例分析的目的。

第二部分为建筑规划与设计，基于5个实际工程案例(包括思南路37号启秀实验中学东楼洋房平移与修缮项目、瑞金一路151号向明中学内地铁站本体上部地下空间建设项目、南京东路幼儿园分园修缮工程、桑园街新建幼儿园、裘锦秋新建小学)，从不同的角度对各案例的优化进行分析(包括项目概况、价值评估、功能诉求、主要问题、社会稳定风险分析、项目总结)，在工程案例总结的同时，以期为未来高密度老城区的建筑规划与设计提供借鉴。

第三部分为历史建筑的改造与应用，基于3个实际工程案例(包括黄浦区虎丘路95号文物保护点改造项目、黄浦区105号地块李惠利中学扩大教育用地项目、黄浦区094-01地块新建九年一贯制学校、高级中学项目)，从不同的角度(项目概况、功能诉求、方案设计、建筑意向与项目总结)分析了保护历史建筑和建筑风格统一的同时，优化建筑空间结构，传承历史建筑价值，提高了建筑的使用效果。期望为相似历史建筑的升级改造活动提供参考。

第四部分为建筑的现代化改造，基于 3 个实际工程案例（包括董家渡 18 号地块小幼联合体项目、上海黄浦“智慧工地”进校园、“智慧工地”和大数据发展），从不同的角度（项目概况、意义与价值、工程方案、社会影响与评价、项目总结）分析了现代化技术在历史建筑升级改造过程中的应用，并通过社会影响和项目评价对应用价值进行了探讨，以助力更好地将现代化技术应用于历史建筑的现代化改造过程中。

行文至此，回首撰写过程中的点滴，百感交集。感谢本专业领域的各位作者学者，你们的著作、资料等相关内容，在阅读过程中为我提供了重要的参考与启发；感谢写作过程中鼓励关心过的主要领导、老师和作序者，承蒙支持，不胜感激！

虽然本书在编写过程中力求叙述准确、完善，但由于水平有限，书中欠妥之处在所难免，希望读者和同仁能够及时指出，共同促进本书质量的提高。

最后再次希望本书能为读者的学习和工作提供帮助！

编　者

2021 年 12 月

目录

第三篇　历史保护建筑的改造与应用

第四篇　建筑的现代化改造

第一篇 建筑修缮

《上海市中长期教育改革和发展规划纲要(2010—2020年)》提出,未来上海教育事业的改革和发展,要以育人为本,把"为了每一个学生的终身发展"作为核心理念。建筑作为教育发展的基础,在教育改革中占据着举足轻重的地位。随着时间的变迁,各类建筑普遍存在着一定的损坏现象。同时,由于气候等因素,不同地区建筑的损害呈现出不同的特征,多与当地的气候条件、历史变迁等因素关联在一起。比如我国西北地区,如甘肃省,建筑物因长时间受到风沙等的侵袭,容易导致砖石砌体结构的风化。而长江三角洲地区,潮湿的空气对建筑的生存状况也造成了一定影响。上海黄浦区地处上海老城区,其建筑独具特色,区内存有较多年代久远的建筑,但由于人口密度等原因,很多地区的再开拓空间狭小,需要在现有的建筑基础上进行修缮。同时,为了推进教育事业的发展与改革,现有建筑中很大一部分已不作为校舍,仅用于教育培训。这些年代久远的建筑多为砖木结构,由于各类用房常年超负荷运转,近年来陆续出现屋面渗漏、墙面裂缝、内部瓷砖脱落、线路老化、设备陈旧及室外运动场地破损等问题,影响了校园内部正常保育、教育、培训工作的开展,也存在一定的安全隐患。同时,由于日益增加的教学需求,需要进一步提高原有建筑的可靠性。建筑修缮的目的旨在解决上述出现的问题,提高房屋结构的稳定,保证正常校园教育工作的进行。

随着我国新建房屋数量下降,基础设施建设逐步完善,未来我国的建筑市场格局将从当前的以新建建筑为主,逐步过渡到以既有建筑改造维修为主,进入后建筑时代。在很多人的印象中,建筑物的修缮往往跟古建筑联系在一起,其实不然。在建设工程领域,广义的修缮包括加固、改造、维修、装饰装修等;按修缮专业分,则主要包括结构修缮、渗漏修缮、外保温修缮和装饰修缮等。除了领域广泛外,待修缮的建筑物数量也很可观。数据显示,我国既有建筑面积逾700亿 m^2,由于不同年代的施工技术标准、施工水平不同,近年来平均每年约有20亿 m^2 的建筑需要修缮。然而，与一些发达国家相比，我国对既有建筑修缮的投入甚少，且存在标准体系不健全、市场信息不对称、技术体系不完善和缺乏长效管理机制等问题，从其市场份额在整个建筑行业的占比来看，建筑修缮行业至今仍未迎来真正意义上的“春天”。建筑修缮行业虽然前景广阔，但对从业者而言也面临着不小的挑战。新建工程与既有建筑的修缮存在很大的差异，建筑修缮需要经验丰富的技术人员、高技术含量的仪器设备、新的施工技术以及新的建筑材料等。

建筑修缮是在既有建筑物的基础之上，进行土建、项目更新改造、设备保养、维修、更换、装饰、装修及加固等施工作业，以恢复、改善其使用功能，延长房屋使用年限的工程。修缮工程(定额)的基本组成，包括“土建工程”(分拆除工程，人工土方及基础垫层工程，砖石结构工程，混凝土及钢筋混凝土工程，金属结构工程，木结构工程，楼地面工程，防水、屋面及屋面保温工程，装饰工程，附属工程，脚手架工程，古建筑拆除及零星修建工程等)、“安装工程”(包括①电气工程：拆除工程，配管、配线工程，灯具、开关、插座、吊扇，控制设备，防雷接地等；②水卫、采暖工程：拆除工程，管道，阀门、低压器具，卫生器具，供暖器具，小型容器等；③通风空调：拆除工程，风管制作安装，风口、风帽、散流器，调节阀制作安装，通风设备等)和配套的“费用定额”。

上海市黄浦区的历史建筑较多，且由于使用频率高、年久未修、气候影响等多种因素影响，出现了不同程度的损伤，同时，有部分建筑需要进行修缮再利用以满足教学需求。因而对现有建筑的工程修缮、教育设施的更新改造，以及项目完成之后工程案例的总结，对提高未来上海地区及周边地区等的建筑修缮工作具有重要意义。本篇将基于 3 个实际工程案例(包括光启南路 161 号中华路幼儿园修缮工程、北京东路 566 号北京东路小学校舍大修工程、局门路 478 号上海师范专科学校附属小学校舍安全工程)，从不同角度(包括项目概况、功能诉求、修缮方案与内容、社会影响分析、项目总结)对建筑修缮的内容和过程进行阐述和分析，以达到工程总结和案例分析的目的。

01 温馨的幼儿园

——以光启南路161号中华路幼儿园修缮工程为例

学前教育是基础教育的重要组成部分。发展学前教育对促进儿童身心健康、实现教育均衡发展和提高国民整体素质，具有重要的意义。随着上海市经济社会的迅速发展，特别是新一轮人口出生高峰期的到来，市民对优质学前教育的需求空前提高。合理布局上海市学前教育资源，普遍改善上海市各级各类幼儿园的办学条件，合理配置保教人员，整体提升保教质量，基本满足市民多样化的学前教育需求，已成为当前及今后一段时期内上海市教育事业发展的重要任务之一。

中华路幼儿园是一所二级幼儿园，位于黄浦区老城厢地区，园舍建设年代较早，均为砖木结构。由于各类用房常年超负荷运转，近年来陆续出现屋面渗漏、墙面裂缝、内部瓷砖脱落、线路老化、设备陈旧及室外运动场地破损等问题，影响了幼儿园正常保育工作的开展，也存在一定的安全隐患，需要进行相应的建筑修缮。

1. 项目概况

项目建设地点位于黄浦区光启南路161号，基地西临光启南路，东、南、北侧均为居民住宅区。项目基地位置示意图详见图1-01-1。项目总建筑面积

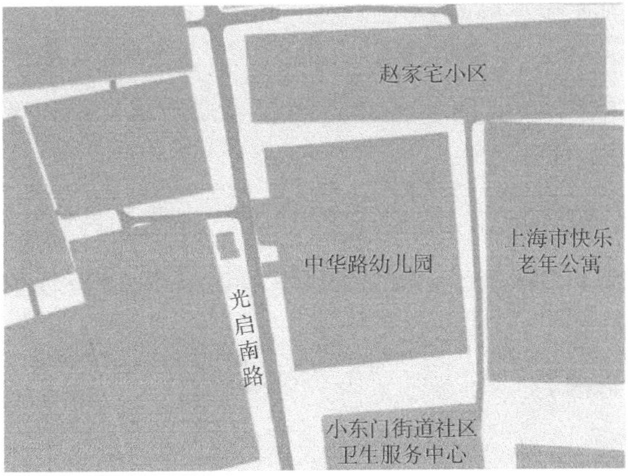

图1-01-1 项目位置示意图

约 896 m^2。其中，餐厅、辅助用房、门卫和卫生间合计建筑面积为 235 m^2，长期为黄浦教育使用；教学楼和教室楼为租赁使用，属公有非居住房屋，建筑面积合计约 661 m^2。

2. 功能诉求

该项目功能诉求（图 1-01-2）主要分为三个方面：①加固建筑结构；②完善功能需求；③融入幼儿教育元素。

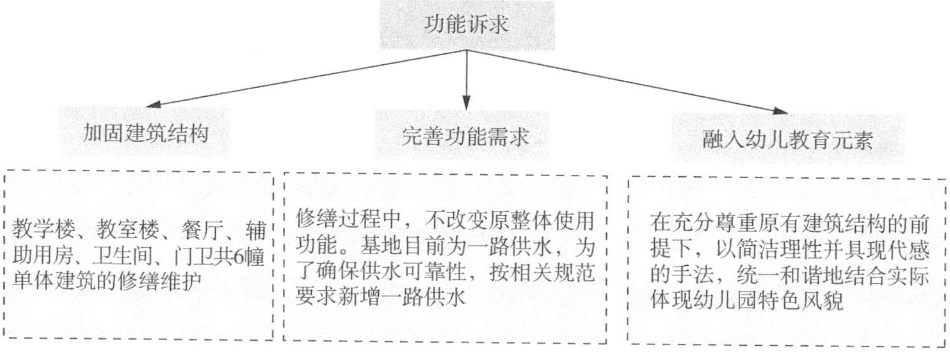

图 1-01-2 项目功能需求

（1）加固建筑结构

在保持原建筑主体结构不变的基础上，对中华路幼儿园教学楼、教室楼、餐厅、辅助用房、卫生间和门卫共 6 幢单体建筑进行修缮维护，主要建设内容包括：外立面整修、屋面翻修、室内装饰修缮和设备安装工程更新等，同时实施室外总体修复工程。

（2）完善功能需求

修缮过程中，不改变原整体使用功能，电力、燃气等不需增容。基地目前为一路供水，为了确保供水可靠性，按相关规范要求新增一路供水。

（3）融入幼儿教育元素

在充分尊重原有建筑结构的前提下，以简洁理性并具现代感的手法，统一和谐地结合实际体现幼儿园特色风貌。同时，尊重周边环境，保持室内外设计风格的高度统一。

3. 修缮方案与内容

1）外立面整修

外立面是指物体和物体的外部空间直接接触的界面，以及其展现出来的形象和构成的方式。建筑外立面，即除屋顶外建筑所有的外围防护部分，指的是建筑和建筑的外部空间直接接触的界面以及其展现出来的形象和构成的方式，或是建筑内外空间界面处的构件及其组合方式的统称。一般情况下，建筑外立面包括除屋顶外建筑所有外围护部分，在某些特定情况下，如特定几何形体造型的建筑屋顶与墙体表现出很强的连续性并难以区分，或为了特定建筑观察角度的需要将屋顶作为建筑的“第五立面”来处理时，也可以将屋顶作为建筑外立面的组成部分。该案例中的外立面整修工程主要内容如图 1-01-3 所示。

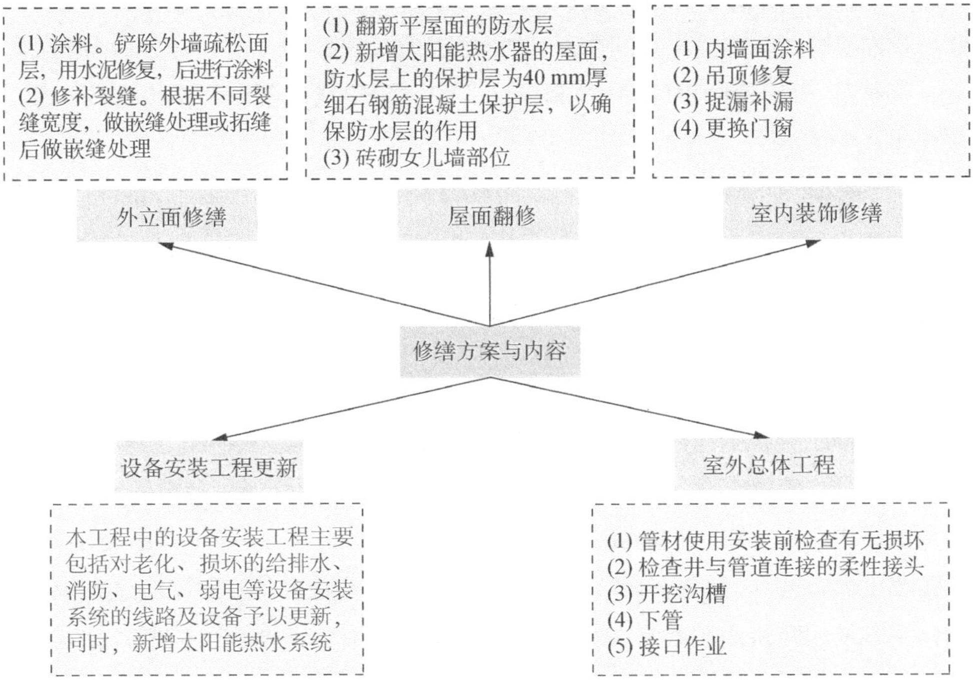

图 1-01-3 修缮方案与内容

(1) 涂料。铲除原有外墙疏松面层、清除表面浮灰，细微裂缝处用聚合物水泥砂浆或复合弹性水泥修复。之后，进行水泥砂浆打底扫毛、水泥砂浆找平、满墙腻子、封底涂料及高级防水涂料（仿砖涂料）面层两遍。

(2) 修补裂缝。修补前安排专人对每个待补裂缝进行清理，凿除松动砖灰，清除浮灰。对待补裂缝淋水处理，待表面无明水后开始修补。裂缝宽度 ≤0.3 mm 做嵌缝处理，裂缝宽度 >0.3 mm 则拓缝后嵌缝处理。裂缝修补完成，待砂浆初步达到强度后，即进行喷水养护，养护时间不小于 2 d。

2）屋面翻修

建筑屋面是指建筑物屋顶的表面，也指屋脊与屋檐之间的部分。这一部分占据屋顶的较大面积，或者说屋面是屋顶中面积较大的部分。一般包含混凝土现浇楼面、水泥砂浆找平层、保温隔热层、防水层、水泥砂浆保护层、排水系统、女儿墙及避雷措施等，特殊工程时还有瓦面的施工（挂瓦条）。该案例中的屋面翻修工程主要包括下述内容：

（1）翻新平屋面的防水层。采用二道柔性防水（一道防水涂料、一道防水卷材）。

（2）按规定做好阳角、阴角的防水附加层。

（3）新增太阳能热水器的屋面，防水层上的保护层为 40 mm 厚细石钢筋混凝土保护层，以确保防水层的作用。另外，配合太阳能设备做好室内管线布置，确保美观大方。

（4）砖砌女儿墙由于两种材料膨胀系数不一致，容易出现横缝，条件许可的地方均改为钢筋混凝土女儿墙。外墙粉刷时新老接缝处应用抗裂砂浆，加玻纤网格布，再做面层。

3）室内装饰修缮

装饰工程是用建筑材料及其制品等对建筑物室内外进行装潢和修饰的工作总称。装饰工程包括室内外抹灰工程、饰面安装工程和玻璃、油漆、粉刷、裱糊工程三大部分。装饰工程不仅能增加建筑物的美观和艺术形象，且有隔热、隔音、防潮的作用。还可以保护墙面，提高围护结构的耐久性。装饰工程的施工特点是工程量大，材料品种繁多，所占工期长，耗用的劳动量多。一般民用建筑中，平均每平方米的建筑面积就有 3～5 m^2 的内抹灰，有 0.15～0.75 m^2 的外抹灰；其劳动量占总劳动量的 25%～30%；工期占总工期的 30%～40%，装饰要求高的约占总工期的 50%以上。为此，应大力开展技术革新，改进操作工艺，实现机械化施工。装饰材料的改进对装饰工程的施工起很大的作用，应大力发展新型的装饰材料，尽可能减少湿作业，以加快施工速度和降低劳动量消耗。该案例中的室内装饰工程主要包括下述内容：

（1）内墙面涂料。铲除墙面鼓包，除油、除尘、除碱及铲除松动层等，直至基层。清扫浮尘、满批内墙腻子、抗碱底漆一道、面漆二道。

（2）吊顶修复。按需拆除损坏原龙骨及吊顶，新做石膏板龙骨吊顶。

（3）捉漏补漏。对厕所、楼梯间等渗漏水严重的区域，查找漏水点及漏水原因，采取相应措施封堵裂缝、修补漏水点。

(4) 更换门窗。窗户采用中空玻璃(6+12+6)mm铝合金推拉窗，窗扇宽度超过2.1 m时加中挺。办公区域采用套装实木工艺门，厕所间采用柳安门框带实木门扇。

4) 设备安装工程更新

设备安装工程的范围一般包括电气工程、水卫与采暖工程、通风空调工程。其中，电气工程包括拆除工程，配管、配线工程，灯具、开关、插座、吊扇，控制设备，防雷接地等；水卫与采暖工程包括拆除工程，管道，阀门、低压器具，卫生器具，供暖器具，小型容器等；通风空调工程包括拆除工程，风管制作安装，风口、风帽、散流器，调节阀制作安装，通风设备等。

其中，该工程中的设备安装工程主要包括对老化、损坏的给排水、消防、电气、弱电等设备安装系统的线路及设备予以更新。同时，新增太阳能热水系统。

5) 室外总体工程

室外总体工程是对一个整体项目工程而言的，一般包括室外道路、绿化、安装、供水、供电、供气、排水、室外效果及其他使用功能。室外总体工程注意事项较多，一般包括：

(1) 管材使用安装前，应仔细检查在装卸运输过程中有无损伤，如发现破损裂口、变形等缺陷管材，应及时剔除。

(2) 检查井与管道连接宜采用柔性填料密封的柔性接头。具体构造按设计要求进行。

(3) 开挖沟槽。做基础应注意沟槽槽底宽宜按管材外径加0.6 m采用。沟槽开挖时应做好排水措施，防止槽底受水浸泡。管道基础必须采用砂砾垫层，对一般土质地基的，厚度为0.1 m；对软土地基，厚度不小于0.2 m，具体做法按设计要求。基础应夯实，表面要平整。管道基础的接口部位应预留凹槽以便接口操作。凹槽长度宜为0.4～0.6 m，深度宜为0.05～0.1 m，宽度宜为管材外径的1.1倍。现场需复合垫层标高。

(4) 下管。槽深不大时，可由人工抬管入槽，槽深大于3 m时，可用非金属绳溜管入槽。严禁用金属绳索勾住两端管口或管材自槽边翻滚入槽内。

(5) 接口作业。橡胶安装位置应在插口第二与第三波纹之间槽内，安装密封圈的数量视设计要求而定，当采用两只密封圈时建议两密封圈之间隔一个波纹。接口前应先将承口插口内外表面清理干净，在插口套入密封圈，并在承口内工作面和橡胶圈表面涂上润滑剂(一般用肥皂水即可)，插入方向为水流方向，对准承口中心线用人力或设置木挡板用撬棍将被安装的管材徐徐插入承口内直至底部。接口完成后，随即用相同土质把预留凹槽填入并密实。承插口管安装应将插口顺水流方向，承口逆水流方向，由下游向上游依次安装。管道应直线敷设，相邻两节管道轴线的允许转角一般不得大于2°。为防止接口合拢时已排设的管道轴线位置移动，须采用稳管措施。可采用编织袋内灌满砂，封口后压在已排设管道的顶部，其数量视管径大小而定。管道接口后，应复核管底深度和轴线，使其符合要求，如出现位移、悬浮、拔口现象，应返工处理。黏结固化后方可回填。

(6) 回填土时应注意腋角部位先应用中砂、粗砂填实。基础部位开始到管顶槽以上 0.7 m 范围内，必须采用人工回填。管顶 0.7 m 以上，可采用机械在管道轴线两侧同时回填，夯实。其中，幼儿园主入口水泥道路更换为毛石类防滑材质；园内其他道路采用沥青混凝土路面，面层为细粒类；塑胶运动场地全部更新重做。同时，对室外管道、绿化等进行改造。

4. 社会影响分析

中华路幼儿园是坐落于黄浦区老城厢内的一所二级幼儿园，园区现有教学设施老化、陈旧，黄浦区教育局针对当前存在的问题，拟对该园实施全面修缮，进一步完善其保教功能。该项目的实施，可进一步提高该园的硬件设施水平、完善该园的保育功能，为在园幼儿及教师提供一个安全、舒适的生活和工作环境，更好地迈向办园现代化的目标，进一步提升黄浦区学前教育的服务能力，有利于促进黄浦区教育事业在更高水平上取得发展。

此外，由于该项目建设内容为已有园舍的修缮，不增加建筑面积，无需实施征地和动拆迁，故项目建设对周边居民的学习和生活影响较小，不会产生激烈的冲突和矛盾。该项目主要的风险因素包括：施工对周边环境影响引发的风险、施工对周边道路交通影响引发的风险等。通过研究制订施工期间交通组织方案、加强施工期的组织与管理、积极回应周边利益相关方的诉求等应对措施，能够有效地预防、化解风险。因此，该项目今后发生社会稳定风险事件的概率较低，发生群发性社会稳定风险的可能性较小。

5. 项目效果与总结

项目建成效果如图 1-01-4 所示。室内结构和装修凸显出幼儿教育的活力，同时满足了幼儿教育的空间需求和功能需求，空间规划满足现代化的教学方式。走廊设计富有活力，同时建筑整体设计与现代化的教学方式和科技发展相结合。建筑外部设计与周围建筑风格相统一。

图 1-01-4　项目建成效果

该项目在保持原建筑主体结构不变的基础上，对教学楼、教室楼、餐厅、辅助用房、卫生间、门卫共 6 幢单体建筑进行修缮维护。该项目的实施显著提升了中华路幼儿园的教学硬件设施水平和教学功能，为儿童和教师提供了更加安全、舒适的生活和工作环境，并为老城厢幼儿园改造提供了典型参考。

02 螺蛳壳里做道场

——以北京东路566号北京东路小学校舍大修工程为例

教学建筑修缮与综合配套服务的提高，有利于为在校师生提供一个安全、舒适的生活和工作环境，更好地迈向学校教育现代化的目标，符合《上海市中长期教育改革和发展规划纲要(2010—2020年)》的要求。教学发展过程中坚持育人为本，着力推进“为了每一个学生的终身发展”的核心理念。

北京东路566号北京东路小学校舍建设年代较早，始建于20世纪30年代，在1973年曾对该房屋进行了加层改造。原建筑结构为无梁楼盖的板柱结构体系，承载能力有限，且下部混凝土柱的强度较低，虽然当时还没有出现较大的结构损伤，但是不宜长期承担过重的上覆荷载，需要进行必要的修缮。同时，面临新一轮人口出生高峰以及教育质量和教学功能急需提高的要求，现有的校舍水平与功能划分很难满足要求，因而校舍修缮及改造任务已经成为当前及今后一段时期内上海市教育事业发展的重要任务之一。

1. 项目概况

北京东路566号北京东路小学校舍大修工程位于黄浦区苏州河南岸，建筑北边为南苏州路，南边为北京东路，东边为石潭路，西边为福建中路。建筑共包括地上5层，建筑高度19.05 m，建筑面积7 369.68 m^2。其中，一层、二层建造于20世纪30年代，为板柱结构体系(无梁楼盖)，结构柱均为八边形柱。1973年，该房屋进行了加层改造，新建了三层、四层、五层，为框架梁、柱、板结构，作为北京东路小学教学楼使用，项目位置示意图如图1-02-1所示。

2. 建筑现状

北京东路小学校舍年代久远，且一、二层建筑为无梁楼盖的板柱结构体系，承载能力有限。下部混凝土柱的强度较低，整体结构较为松散，虽尚无较大的结构损伤，但是不宜长期承担过重的上覆荷载。且通过对三层柱子新老结构进行现场结构探究时发现，原一、二层结构柱钢筋与后期的三、四、五层结构柱钢筋没

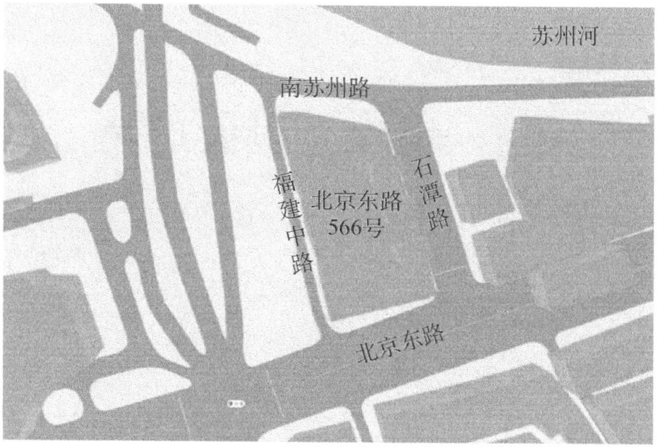

图 1-02-1　项目位置示意图

有有效地连接，部分后加的三、四、五层结构柱与原一、二层结构柱的上下偏心较大，不利于整体结构的长期稳定，容易诱发柱子失稳，存在安全隐患。同时，需要进一步加固原有建筑的基础结构，且屋内需要新建部分隔墙对房间空间进行分配。同时，屋面存在轻微渗漏现象，外墙表面存在部分裂缝及砖粉掉片现象。同时，内部线路老化严重、安装位置不协调、不统一问题明显，需要进行进一步对水路及电路工程改造以适用教育生活发展的需要。

3. 功能诉求

该项目功能诉求(图 1-02-2)主要分为四个方面：①加固建筑结构；②优化空间分割；③完善功能需求；④完成内装饰项目。

1）加固建筑结构

在保持原建筑主体结构不变的基础上，加固建筑结构，包括主体结构和非主体结构的加固，提高建筑结构的整体稳定性。消除二、三层间新老结构柱的偏心问题。同时对建筑基础进行加固，提高地基稳定性。

2）优化空间分割

在建筑建设高度不变、面积不变的情况下，新建部分隔墙对内部空间进行分配，满足日后的教学需求。进行内部空间的优化整合，提高各个教学空间的使用效率，方便内部空间的灵活运用。

3）完善功能需求

新增教学电梯，方便人流的畅通，同时方便重物在各楼层间的移动。

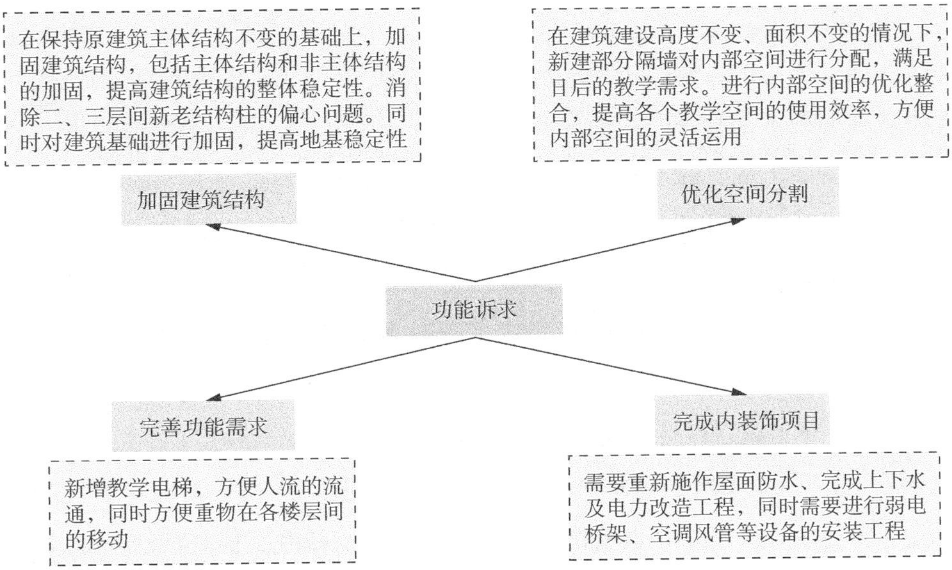

图 1-02-2　项目功能诉求

4）完成内装饰项目

需要重新施作屋面防水、完成上下水及电力改造工程，同时需要进行弱电桥架、空调风管等设备的安装工程。

4. 修缮方案与内容

该次改建工程属于多层公共建筑的内部加固与改造项目，主要进行室内环境的修缮与改造，共包括地上 5 层，建筑高度 19.05 m，建筑面积 7 369.68 m^2。该项目的修缮方案与内容（图 1-02-3）主要包括三部分：①工程进度；②基础加固方案；③梁排架＋顶板施工。

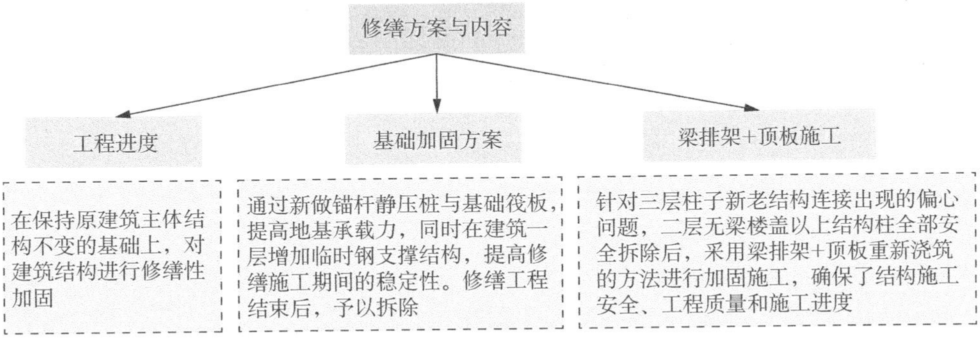

图 1-02-3　修缮方案与内容

1）工程进度

工程进度是按工程的主要组成部分，用文字或实物工程量的百分数，简明扼要地表明施工工程在一定时间点上（通常是期末）达到的形象部位和总进度。建筑安装工程具有结构多样性和地点固定性的特点，必须根据使用者的不同要求逐个单独设计，并在将来使用的场所按照一定的程序一个一个地施工。但各类建筑安装工程的主要组成部分又是相同的。因此，在一定的施工技术条件下，用工程主要部位的完成情况就能概括地表明各项工程的施工进度。

本次改建工程在保持原建筑主体结构不变的基础上，对建筑结构进行修缮性加固。表 1-02-1 所示为本次改建工程的施工进度计划表：拆除原有混凝土梁、板（预制板），采用临时钢支撑进行加固。新做锚杆静压桩与基础筏板，提高地基承载力与稳定性。采用梁排架＋顶板的形式进行各楼层的结构加固，改建后结构为局部框支剪力墙结构，总高度不变，面积不变。结构加固完成后，需要进行部分内隔墙砌筑工程、重新施作屋面防水、完成上下水及电力改造工程、室内及室外的墙面装饰工程，同时需要进行弱电桥架、空调风管、电梯等设备的安装工程。

2）基础加固方案

由于环境变迁，或是由于建筑物使用功能和荷载等改变需要进行基础加固。基础加固方案一般包括基础注浆补强、增大基础面积、锚杆静压桩等。不同加固方法具有不同的特点。该案例中的基础加固方案如下。

图 1-02-4 所示为地基桩位加固平面图，通过新做锚杆静压桩与基础筏板，提高地基承载力，后浇带留于 F、G 轴之间。同时，在建筑一层增加临时钢支撑结构，提高修缮施工期间的稳定性。修缮工程结束后，予以拆除。图 1-02-5 为锚杆静压桩结构详图，图 1-02-6 为原有桩基承台与新做筏板连接详图，图 1-02-7 为电梯基坑大样详图。

表 1-02-1 施工进度计划

		9月20日前完成工作	9月24日~10月8日			10月8日~10月22日			10月22日~11月5日			11月5日~11月19日			11月19日~12月3日			12月3日~12月17日			12月17日~12月31日		
项目	持续时间		1	7	14	1	7	14	1	7	14	1	7	14	1	7	14	1	7	14	1	7	14
已完成工作		桩基完成，基础完成，一层结构加固完成																					
二层结构施工、混凝土养护	9月10日~9月22日																						
三层结构施工、混凝土养护	9月22日~10月5日																						
四层结构施工、混凝土养护	10月5日~10月18日																						
五层结构施工、混凝土养护	10月18日~10月31日																						
屋顶结构施工、混凝土养护	11月1日~11月15日																						
外墙修缮工程	10月18日~12月10日																						
一层支撑拆除	9月25日~9月30日																						
一层支撑位置补桩	10月1日~10月5日																						
一层室内隔墙砌筑	10月6日~11月6日																						
二层室内隔墙砌筑	11月1日~11月20日																						
三层室内隔墙砌筑	11月1日~11月20日																						
四层室内隔墙砌筑	11月1日~11月20日																						
五层室内隔墙砌筑	11月16日~11月31日																						
屋面防水、女儿墙施工	11月15日~11月31日																						
配套上下水及电力改造工程	11月15日~11月31日																						
室外总体工程	12月1日~12月10日																						
弱电桥架、空调风管、电梯等设备安装	11月21日~12月5日																						
零星清理及修补	12月10日~12月17日																						
设备整修及调试	12月17日~12月24日																						
主体结构验收、清洁场地	12月24日~12月31日																						

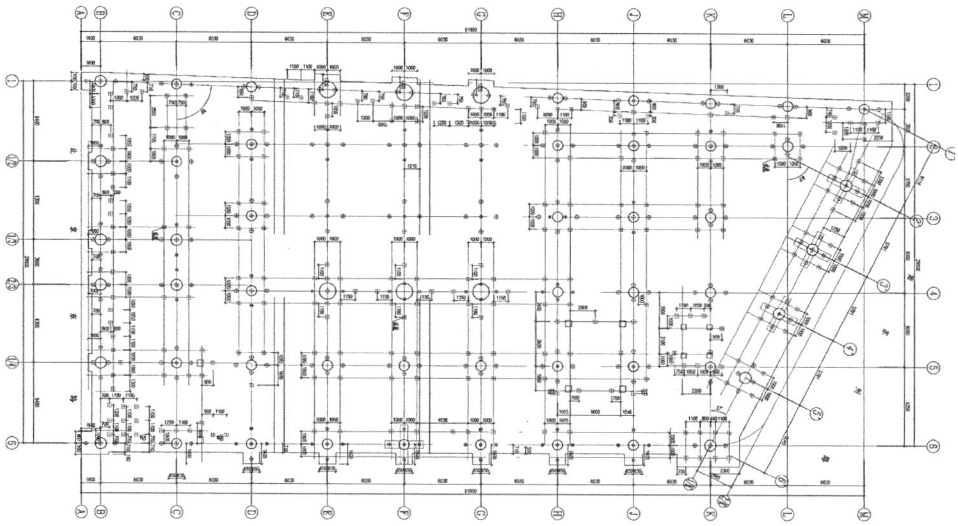

图 1-02-4　地基桩位加固平面图

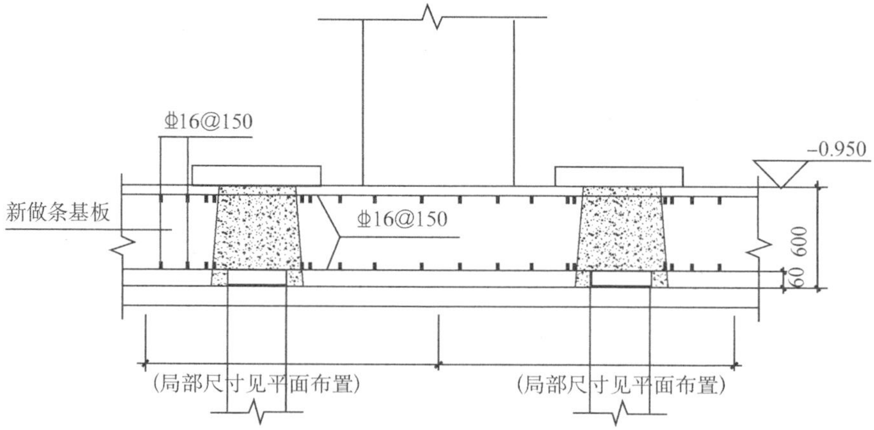

图 1-02-5　锚杆静压桩结构详图

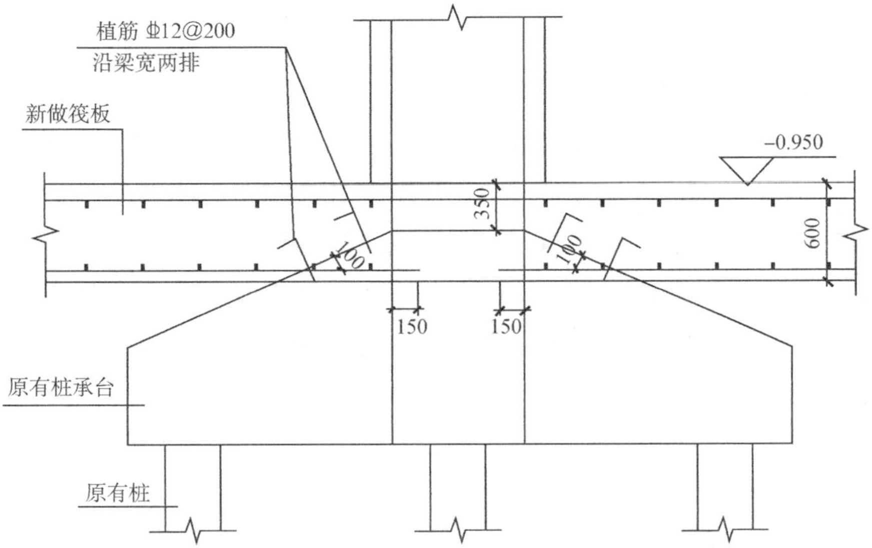

图 1-02-6　原有桩基承台与新做筏板连接详图

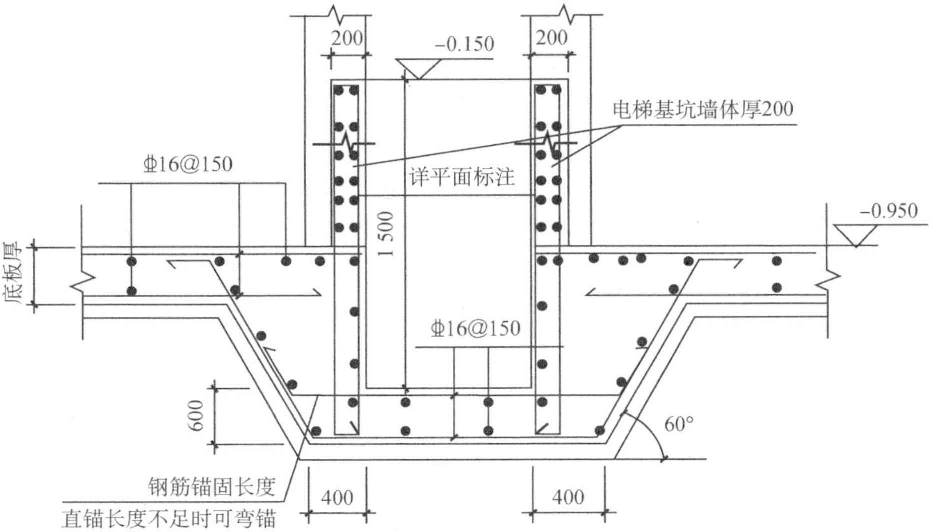

图 1-02-7　电梯基坑大样详图

3）梁排架＋顶板施工

需要注意的是，排架不是脚手架，排架与脚手架间存有概念不同、可拆除性不同、应用范围不同之别。首先在概念方面，排架由屋架（或屋面梁）、柱和基础组成，柱与屋架铰接，与基础刚接，是单层结构的基本结构形式；而脚手架是为了保证各施工过程顺利进行而搭设的工作平台。其次是可拆除性不同，排架分为单排、双排和多排，可以独立拆除；而脚手架不能独立拆除某一部分，相互连接十分牢固。最后是应用范围不同，排架主要用于单层厂房和荷载较大的建筑，由屋架、柱子和基础构成横向平面排架，是主要承重体系；而脚手架在建筑工程中应用广泛。

该工程案例中针对三层柱子新老结构连接出现的偏心问题，二层无梁楼盖以上结构柱全部安全拆除后，采用梁排架＋顶板重新浇筑的方法进行加固施工，确保了结构施工安全、工程质量和施工进度。

5. 社会影响分析

北京东路 566 号校舍，是始建于 20 世纪 30 年代的无梁楼盖板柱结构体系，并于 1973 年进行过加层改造，作为北京东路小学教学楼。由于建设时间较久，建筑结构及水电配套设施出现不同程度的问题。本次改建工程在保持原建筑主体结构不变的基础上，对整体结构进行了加固，优化了内部空间的分配，提高了教学楼的硬件设施水平及综合配套服务。该项目的实施有利于为在校师生提供一个安全、舒适的学习和工作环境，更好地迈向学校教育现代化的目标，进一步提升黄浦区综合教育服务能力，有利于促进黄浦区教育事业在更高水平上取得发展，符合《上海市中长期教育改革和发展规划纲要（2010—2020 年）》的要求，体现了教学发展过程中坚持育人为本，着力推进“为了每一个学生的终身发展”的核心理念。

由于本次改建工程不改变原校区建筑的主体结构，在已有校区内部进行加固修缮，不增加建筑面积，无需实施征地和动拆迁，故项目建设对周边居民的工作和生活影响较小，不会产生激烈的社会冲突和矛盾。该项目主要面临的风险因素包括梁板结构拆除后整体结构的临时加固、桩基础施工及加固、施工对周边环境影响等。通过研究制订施工期间交通组织方案、加强施工期的组织与管理、积极回应周边利益相关方的诉求等应对措施，能够有效地预防、化解风险。因此，该项目今后发生社会稳定风险事件的概率较低，发生群发性社会稳定风险的可能性较小。

6. 项目总结

该项目建成效果如图 1-02-8 所示，结构大修完成后满足结构承载力要求，同时空间得到了优化，建筑功能得到了加强，使用者的需求也得到了满足，教学建筑修缮与综合配套服务得以提高，有利于为在校师生提供一个安全、舒适的学习和工作环境。

图 1-02-8　项目建成外立面

该项目采用锚杆静压桩与基础筏板，提高了地基承载力，采用梁排架＋顶板的形式提高了建筑结构的稳定性，采用内隔墙结构对内部空间进行了调整，新增了教学电梯，同时对其他教学环境和配套服务进行了改善。此大修工程的实施，有利于为师生提供一个安全、舒适的学习和工作环境。

03 小身材大味道

——以局门路 478 号上海师范专科学校附属小学校舍安全工程为例

国家于 2009 年启动了中小学校舍安全工程，拟用 3 年时间对现有中小学校舍进行加固改造，使地震设防区中小学校舍达到重点设防类标准。上海师范专科附属小学校舍安全工程是 2009 年原卢湾区教育局中小学抗震加固工程之一，其加固工程项目主要为 58 号楼(三层建筑)。为全面了解上海师范专科学校附属小学校舍结构抗震性能现状，对其进行了抗震鉴定，并根据抗震加固措施对其进行了修缮改造。

1. 项目概况

上海师范专科附属小学建于 1993 年，坐落在原卢湾区局门路 478 号，建筑东边为局门路，北边为 434 弄小区，西边为前进进修学院，南边为创意实验园。上海师范专科附属小学校舍安全工程是 2009 年原卢湾区教育局中小学抗震加固工程之一，其加固工程项目主要为 58 号楼(三层建筑)，58 号楼坐落于小学内部的北侧。图 1-03-1 为项目位置示意图，图 1-03-2 为 58 号楼房屋结构平面图。

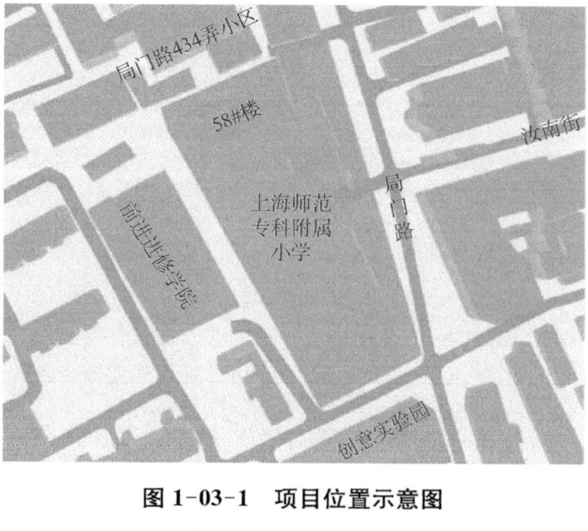

图 1-03-1　项目位置示意图

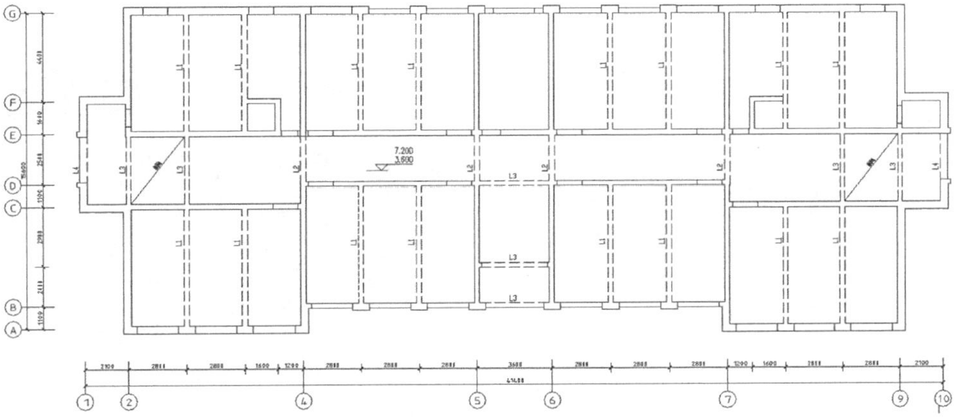

图 1-03-2　房屋结构平面图

2. 建筑现状

经检测,结果表明建筑整体结构状况总体较好,但房屋屋檐存在局部破损以及粉刷剥落等老化损坏现象,且部分屋面板老化、渗水。部分墙体的承载力不能满足要求,且抗震能力不满足抗震鉴定要求,应对房屋采取加固或其他相应措施,图 1-03-3 为修缮前拍摄的部分现场照片。

(a) 南立面　　　　(b) 北立面

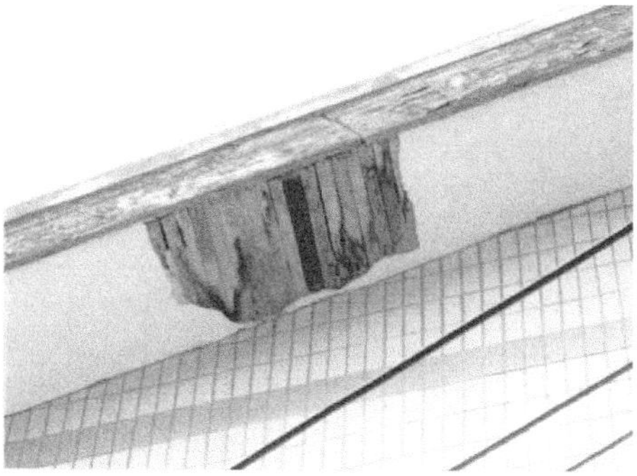

(c) 屋檐破损

(d) 粉刷层剥落

图 1-03-3　未修缮前建筑状况

3. 功能诉求

项目功能诉求(图 1-03-4)主要包括三个方面:①主体结构不做改变,②结构加固至符合抗震需求,③完成内装饰。

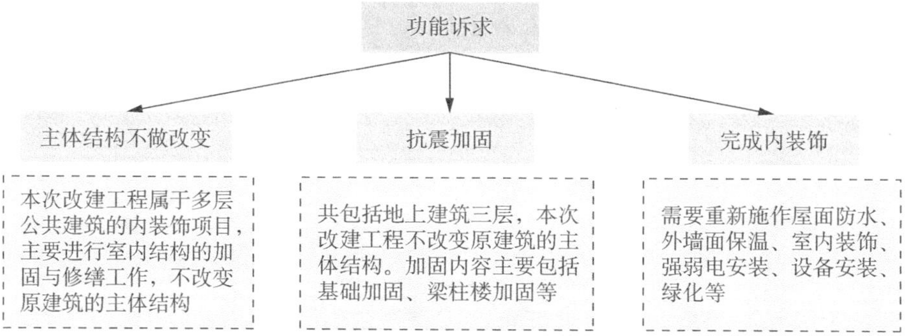

图 1-03-4　功能诉求

1) 主体结构不做改变

本次改建工程属于多层公共建筑的内装饰项目,主要进行室内结构的加固与修缮工作,不改变原建筑的主体结构。

2) 结构加固至符合抗震需求

共包括地上建筑三层,本次改建工程不改变原建筑的主体结构。加固内容主要包括基础加固、梁柱楼板加固等。

3) 完成内装饰

需要重新施作屋面防水、外墙面保温、室内装饰、强弱电安装、设备安装和绿化等。

4. 修缮方案与内容

本次改建工程不改变原建筑的主体结构，修缮内容包括基础加固、梁柱楼板墙加固、屋面防水、外墙面保温、室内装饰、强弱电安装、设备安装及绿化等。其中，鉴于房屋抗震能力不满足抗震要求，以及房屋承重墙的砂浆强度评定值仅为0.5 MPa的强度偏低情况，采用对所有承重墙体（1～3层）两侧粉钢筋网水泥砂浆面层的方式进行加固，以提高墙体的承载力，加强结构的整体性并提高结构的抗震能力。房屋部分墙段的局部尺寸小于规范中的限值，可采取局部加强措施弥补。房屋未设置构造柱及圈梁，应按规范要求增设构造柱及圈梁。同时，采用混凝土灌填的方式对内外墙底部进行加固，以提高墙体的整体稳定性。结构加固完成后，需要重新施作屋面防水、完成上下水及电力改造工程，同时需要进行强弱电安装、设备安装以及环境绿化等工程。项目修缮方案与内容如图1-03-5所示。

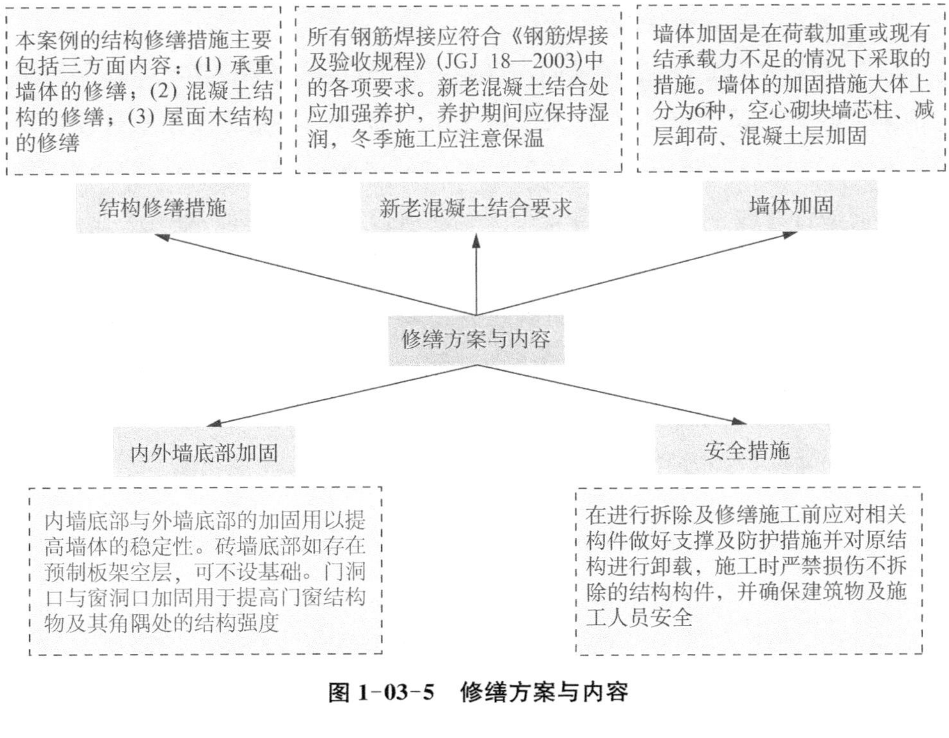

图1-03-5 修缮方案与内容

1）结构修缮措施

建筑修缮是在既有建筑物的基础之上，进行土建、项目更新改造、设备保养、维修、更换、装饰、装修、加固等施工作业，以恢复、改善使用功能，延长房屋使用年限的工程。该案例的结构修缮措施主要包括下述内容：

（1）承重墙体的修缮。对承重墙体本身的严重风化、疏松等病害，首先应凿出疏松部分而后用颜色相近的砖块进行修补；对于墙体开裂处应采用压力灌浆修补。

（2）混凝土结构的修缮。应对原构件混凝土存在的缺陷清理至密室部位，并将表面凿毛，冲洗干净后涂刷一道界面剂再浇筑 C30 微膨胀细石混凝土。对于有明显铁胀现象的构件，修缮时应凿出部分混凝土露出锈蚀的钢筋，对钢筋除锈后，采用阻锈剂进行防腐处理，再用修补砂浆修补。

（3）屋面木结构的修缮。应对屋面木构件的劈裂、腐烂、渗水等损坏处以及节点进行全面检查，发现损坏情况则采取相应的加固措施。应对房屋的木结构进行白蚁防治处理，以保证房屋长期安全使用。

2）新老混凝土接合要求

应对原构件混凝土存在的缺陷清理至密实部位，并将表面凿成锯齿形沟槽，沟槽深度不小于 15 mm，间距不大于 100 mm，被包的混凝土棱角应打掉，同时去除浮渣、尘土。原有混凝土表面应冲洗干净，浇筑混凝土前，原混凝土表面应用界面剂进行处理。对原有和新增受力钢筋应进行除锈处理。在受力钢筋上施焊前应采取卸荷或支撑措施，并应逐根分区分段分层进行焊接。钢筋焊接接头连接区段的长度为 35 d（d 为受力钢筋的较大直径）且不小于 500 mm，位于同一连接区段内纵向受力钢筋的焊接接头面积百分率不应大于 50%。所有钢筋焊接应符合《钢筋焊接及验收规程》(JGJ 18—2003)中的各项要求。新老混凝土接合处应加强养护，养护期间应保持湿润，冬季施工时应注意保温。混凝土强度达到 100%，龄期达到 28 d 后方可拆除支撑和模板。

3）墙体加固

墙体加固是在荷载加重或现有结构承载力不足的情况下采取的措施。墙体的加固措施大体上分为 6 种，包括加门垛、设圈梁、构造柱、空心砌块墙芯柱、减层卸荷和混凝土层加固。其中，门垛加固是指，房屋中的转折墙体或者是丁字墙体想要加固的话，可以在门洞处增设宽度与墙体同厚的门垛，可以保证墙身稳定和门框的安装。圈梁加固是指，当房屋建筑地基不够好的时候，可以在其基础顶面上设置圈梁；同时屋盖处也必须设置圈梁，楼板处可选择在隔层设置圈梁。这样可以增加房屋的整体刚度和稳定性，也能减轻地基不均匀沉降对房屋造成的破坏，使抗震能力得到增强。构造柱加固是指，加固墙体可选择构造柱方式，在外墙的四角、错层部位横墙、外纵墙的交接处、较大洞口的两侧以及大房间内外墙的交接处等设置构造柱，这样能增强房屋刚度、防止房屋倒塌。空心砌块墙芯柱加固方面，若打算采用空心砌块墙芯柱的方式来加固墙体，那么需要在房屋四大角、外墙转角、楼梯间四角等地设置芯柱。芯柱材料可选用 C15 细石混凝土填入砌块孔中，并在孔中插入通长钢筋。减层卸荷方面，如果在整个房屋建筑还未正式完工的时候，发现地基不够好，墙体需要加固的话，那么建议可以采取减层卸荷的方法，比如：主楼由原来的七层减少为六层。混凝土层加固方面，在房屋建筑的一、二层墙体采用两面加钢筋混凝土层加固，现浇钢筋混凝土板采用减小板跨增加次梁且面层加厚 40 mm 的办法加固。该案例中综合采用上述方法，具体的墙体加固措施如下。

图 1-03-6 为三层结构加固平面图，图中阴影区域墙体采用钢筋网聚合物砂浆面层加固，面层的厚度均为 35 mm，聚合物砂浆强度等级采用 M30。图 1-03-7 为采用钢筋网聚合物砂浆面层加固详图，图 1-03-8 为穿越楼面板的砂浆面层加固详图。

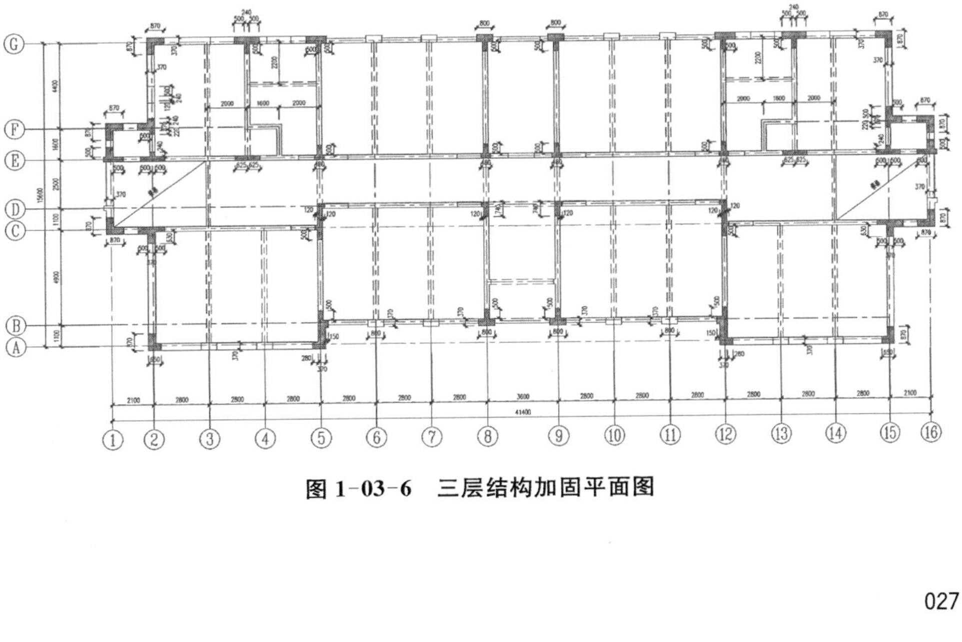

图 1-03-6　三层结构加固平面图

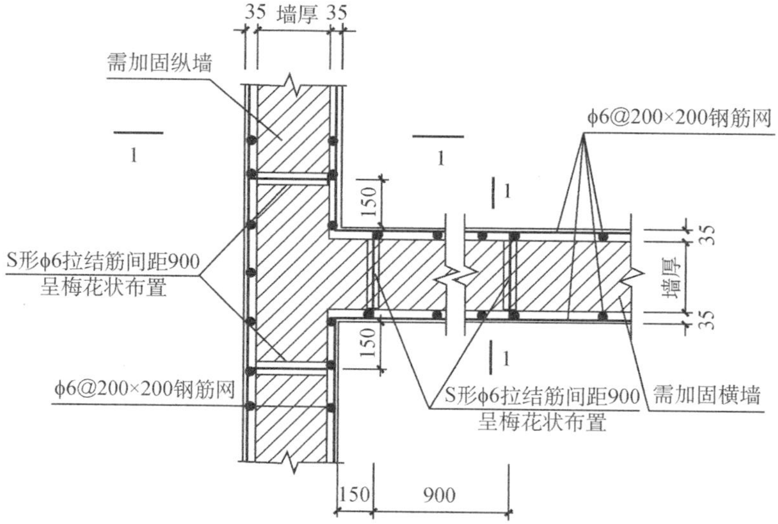

图 1-03-7　钢筋网聚合物砂浆面层加固详图

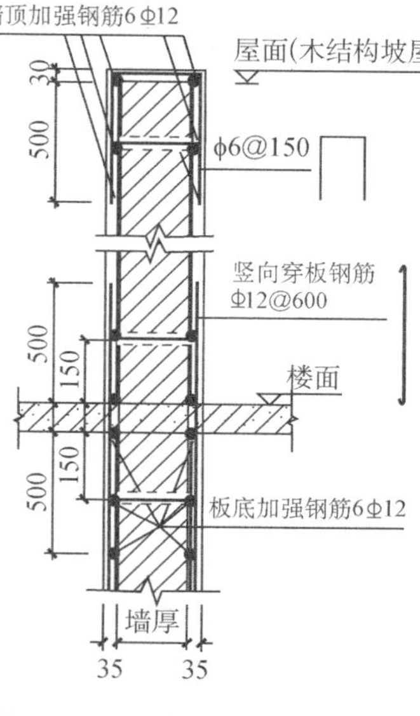

图 1-03-8　穿越楼面板的加固详图

（1）植筋要求。新增结构构件采用植筋法与原结构连接，植筋胶必须采用经设计认可的，通过国家安全性统一检测的承重结构胶，应具有国家认可的检测部门对植筋焊接性能、耐久性能、抗震性能的检测报告。植筋所用化学胶水应保证在潮湿环境下性能不受影响。植筋前的钻孔应采用专用工具，孔洞应清理干净，保持干燥，不得用水钻打孔，黏结剂应用专用的灌注器进行灌注。植筋钻孔前应用仪器或其他可靠方法探明混凝土构件中的钢筋位置，钻孔时严禁损伤原结构中的钢筋。除特别注明外，HRB335 级钢筋的植入深度均为 $15d$，HRB400 级钢筋植入深度应根据专业厂商提供的数据及现场拉拔测试决定。植筋的钢筋中心距不应小于 4 倍钢筋直径，钢筋中心距构件边缘不应小于 2.5 倍钢筋直径，施工前应请相关专业公司确认植筋深度，再黏结剂完全固化前不得触动所植钢筋。植筋完成后抽查施工质量，按照有关规定进行现场拉拔试验。

（2）碳纤维布加固施工要求。粘贴碳纤维布前，混凝土构件表面应打磨平整，去除表面浮浆、油污等杂质，直至完全露出结构新面；转角粘贴处要进行导角处理并打磨成圆弧状，圆弧半径应不小于 20 mm。碳纤维粘贴分底胶、整平、涂胶粘贴三道工序，后道工序需待表面指触硬化后方可进行。粘贴碳纤维后须用滚筒沿纤维方向多次滚压，挤出气泡，并使浸滞树脂充分浸透碳纤维布。多层粘贴时应在纤维表面指触硬化后再进行下一层粘贴。顺着碳纤维布的纤维方向，搭接长度不小于 200 mm，并排的黏结织物不需搭接。加固后，碳纤维布表面应粉刷 25 mm 厚水泥砂浆保护，如碳纤维布表面积较大，为利于砂浆黏结，可粘一层铅丝网或点粘一层豆石。

4）内外墙底部加固

图 1-03-9 与图 1-03-10 分别为内墙底部与外墙底部的加固方法，用以提

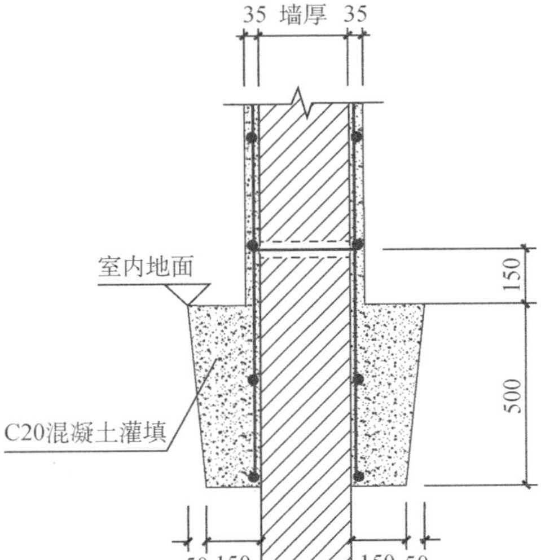

图 1-03-9　内部墙底加固

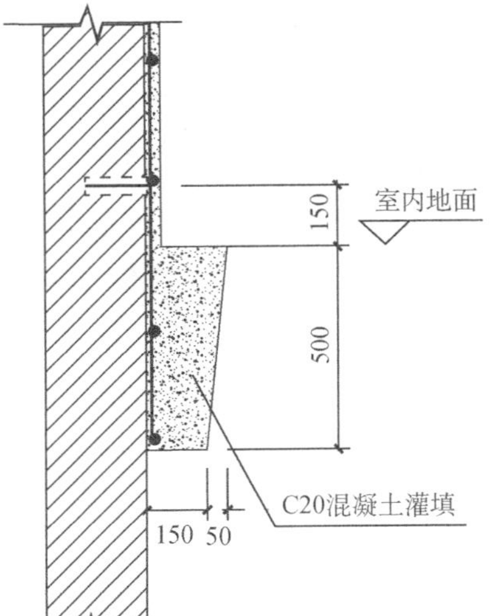

图 1-03-10　外部墙底加固

高墙体的稳定性。砖墙底部如存在预制板架空层，可不设基础。图 1-03-11 与图 1-03-12 分别为门洞口与窗洞口加固，用于提高门窗结构物及其角隅处的结构强度。

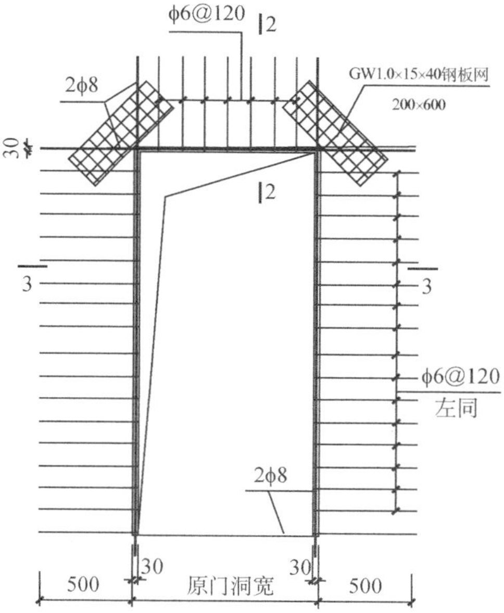

图 1-03-11　门洞口配筋加固

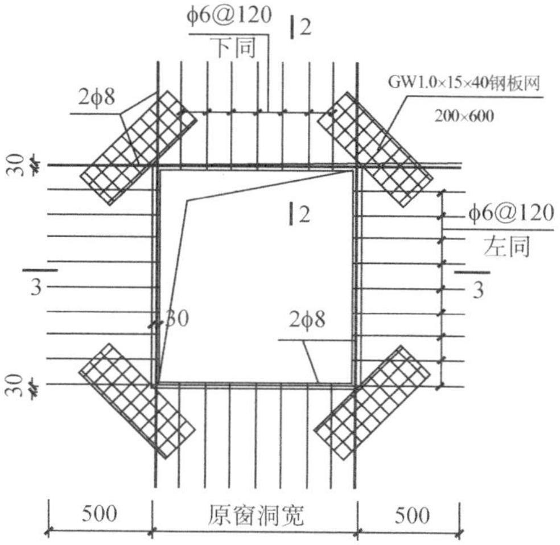

图 1-03-12　窗洞口配筋加固

5）安全措施

在进行拆除及修缮施工前应对相关构件做好支撑及防护措施，并对原结构进行卸载，施工时严禁损伤不拆除的结构构件，并确保建筑物及施工人员安全。拆除应结合拆除示意图及改建后结构图施工，未详尽尺寸以改建图为准。当改建需要保留钢筋时，拆除应配合改建图纸，局部手工拆除，留出改建所需钢筋。局部楼板被凿除后如需重新封闭，被切断的钢筋应通过焊接接长后锚入梁柱内。施工前须做好合理的施工组织设计，局部应做好可靠支撑。在修缮施工过程中，施工单位应认真对原结构进行检查，若发现原结构有缺陷或现场实际情况与原结构图不符时，应立即停止施工，及时通知设计，待确定处理意见后，方可继续施工。施工时，应与各专业工种密切配合，做好预留预埋等工作。在砌体内化学植筋时要特别注意施工质量，尤其要保证清孔质量。必须做好沉降观测及环境监测，如有异常，应及时与设计人员联系。在使用期间应对各结构构件定期检查、维护，如发现裂缝、渗漏、变形过大等异常情况，应及时与设计人员联系。

5. 社会影响分析

上海师范专科附属小学校舍安全工程是2009年原卢湾区教育局中小学抗震加固工程之一，其加固工程项目主要为58号楼。本次改建工程不改变原校区建筑的主体结构，在已有教学楼内部进行加固修缮，不增加建筑面积，无需实施征地和动拆迁，故项目建设对周边居民的工作和生活影响较小，不会产生激烈的冲突和矛盾。该项目施工过程中面临的风险较小，施工过程中研究制订了施工交通组织方案，避免对周边交通环境造成影响。该项目今后发生社会稳定风险事件的概率较低，发生群发性社会稳定风险的可能性较小。

本次改建工程有利于为在校师生提供一个安全、舒适的学习和工作环境，更好地迈向学校教育现代化的目标，进一步提升黄浦区（卢湾区已与黄浦区合并）综合教育服务能力，有利于促进黄浦区教育事业在更高水平上取得发展。符合《上海市中长期教育改革和发展规划纲要（2010—2020年）》的要求，教学发展过程中坚持育人为本，着力推进“为了每一个学生的终身发展”的核心理念。

6. 项目效果与总结

项目修缮结果如图1-03-13所示，该项目在主体结构不做改变的基础之上，将项目内部各结构加固至符合抗震需求，加固内容主要包括基础加固、梁柱楼板加固等。同时完成了内装饰，重新施作屋面防水、外墙面保温、室内装饰、强弱电安装、设备安装和绿化等。

该项目采用对所有承重墙体（1～3层）两侧粉钢筋网水泥砂浆面层的方式进行加固，提高墙体的承载力与结构抗震能力，按规范要求增设构造柱及圈梁以加强墙体的整体性。同时，采用混凝土灌填的方式对内外墙底部进行加固，提高墙体的整体稳定性。结构加固完成后，重新施作屋面防水，完成上下水及电力改造工程，同时进行强弱电安装、设备安装以及环境绿化等工程。由此为师生提供一个安全、舒适的学习和工作环境。

图 1-03-13　项目修缮结果

04 本篇小结

本篇基于3个实际工程案例(包括光启南路161号中华路幼儿园修缮工程、北京东路566号北京东路小学校舍大修工程、局门路478号上海师范专科学校附属小学校舍安全工程),从不同角度(包括项目概况、功能诉求、修缮方案与内容、社会影响分析、项目总结)对建筑修缮的内容和过程进行阐述和分析,推动了教育建筑的更新和升级,有利于未来上海教育事业的改革和发展。

第二篇　建筑规划与设计

黄浦区地处上海老城区，为典型的高密度居住区。区内存有较多年代久远的建筑，建造时主要用于满足当时人们日常的生活需求，故建筑功能单一，至今已难以满足现代化的城市发展的需求。城区内的历史建筑在发展过程中，逐步凸显出了两方面的特征。一方面，随着时间的推移，上海市的人口密度逐年增大，需要更多的空间用于城市的发展，因而，建筑结构的容纳能力和承载能力需要得到进一步的改善。历史建筑作为文化历史价值的传承，具有较大的意义，因而整体拆除重建的方式不太实际，需要寻求新型的建筑规划与设计方法对现有高密度城区建筑进行功能与空间扩充。另一方面，现代化的教学方式呈现多元化，多元化的教学方式对建筑布局与功能需求都提出了新的要求。现代交互式的学习方式对建筑空间的规划设计提出了进一步的要求。因而，在进行建筑空间优化的同时，需要根据教学方式对现有教育建筑功能进行扩充。

历史老城区的建筑设计，是在考虑空间有限、功能需求、环境和谐等的基础之上，按照建设任务，把施工过程和使用过程中所存在的或可能发生的问题，事先做好通盘的设想，拟定好解决这些问题的办法、方案，用图纸和文件表达出来，作为备料、施工组织工作和各工种在制作、建造工作中互相配合协作的共同依据。便于整个工程得以在预定的投资限额范围内，按照周密考虑的预定方案，统一步调，顺利进行，并使建成的建筑物充分满足使用者和社会所期望的各种要求及用途。上海老城区建筑密集，教育对建筑等功能的需求较大，教学、生活、交互、娱乐及办公等功能均需要考虑在内，如何在狭小的空间内来满足各项需求也是一种挑战。目前的建筑设计，已经不仅仅考虑到平面以及上层建筑等的设计，同时在向地下空间进行拓展，成为停车场、教学楼、办公楼、实验室、运动场等地面、地上、地下建筑相互叠加的多功能教育场所，这对于提高建筑的利用率至关重要。城市等发展同样讲究因地制宜、灵活应用。在完成建筑设计之后，空间的利用也可以向着多元化发展，空间上的因地制宜加上时间上的因地制宜，在提高建筑空间利用率的同时，也更好地发挥其在时间利用率上的价值。

高密度老城区中历史建筑与空间的规划与设计是指结合设定的工作目标，优化建筑的现有空间体系，使其更好地满足人们的需求。对于教育建筑，基本目标是提高既有建筑的容纳和承载能力，同时，需要结合现代化的教学方式与课程设置，优化建筑的空间体系，为校园教育提供一个与时俱进的建筑空间，使优化后的建筑物充分满足校园日常使用和深层次的要求及用途。这将包括停车场、教学楼、办公楼、实验室、运动场等地面、地上、地下建筑相互叠加的多功能教育场所，同时，在可行性的前提下，与外界共享地下停车场，在提高教学质量的同时，可以缓解周边发展所带来的一些问题。再加上建筑空间与时间上利用率的提高，对于引进现代化的教学方式，提高办学质量至关重要。在建筑设计过程中，需要考虑不同建筑的特征有针对性地设计。例如，为了缓解地面空间的不足，可以修建地下停车场，同时通过可行性研究，拓展一部分共享停车场，供外界使用。教学楼的动静分区，满足了教学和课外活动的需求，提高教学质量。严格控制住宿建筑的指标，保证采光、通风、降噪等指标达标。将部分创新教室与实践场所融合，提高学生的动手实践等能力。将动力室、发电机等置于地下，避免了对周边环境的噪声污染。修建地下或室内操场，一方面保证了课外活动的时间，另一方面避免了天气、气候对室外活动的影响。增设家长等候室、家长交流区，提高学校与家长之间的互动感受等。这些内容都是现代化教学建筑设计需要考虑的内容。

本篇将基于 5 个案例(包括思南路 37 号启秀实验中学东楼洋房平移与修缮项目、瑞金一路 151 号向明中学内地铁站本体上部地下空间建设项目、南京东路幼儿园分园修缮工程、桑园街地块新建幼儿园、裘锦秋地块新建小学)，从不同的角度对各案例的优化进行分析(包括项目概况、价值评估、功能诉求、主要问题、社会稳定风险分析、项目总结)，在工程案例总结的同时，以期为未来高密度老城区的建筑规划与设计提供借鉴。

01 思南路老洋房中悄悄的变化

——以思南路 37 号启秀实验中学东楼洋房平移与修缮项目为例

上海市启秀实验中学建造于 1925 年，教学设施因建设年代久远，出现了不同程度的老化破损现象，结构抗震性能不符合当前标准，且建筑防火、日照、通风指标也不符合《建筑设计防火规范》与《中小学建筑设计规范》中的相关规定。不仅不利于学校教学工作的正常开展，更对师生安全造成威胁。另外，学校地处“衡山路—复兴路”历史文化风貌保护区，学校内的东楼洋房建造于 1925 年，属于历史保留建筑。本次修缮亦是基于保留城市记忆，对历史保留建筑进行合理保护的需求。该项目完工后，有利于提升校舍抗震性能、保障在校师生人身安全；有利于改善校舍状况，为在校师生创造良好的教学环境；有利于延续历史文脉，增强黄浦区文化的辐射力。

1. 项目概况

思南路 37 号启秀实验中学，地处上海市思南路历史风貌保护区，南边隔香山路与孙中山文物馆相对，东边为复兴公园，北边为思南路 35 号综合楼，西边为思南路，享有得天独厚的、优越的历史、教育、人文资源环境，图 2-01-1 为项目位置示意图。

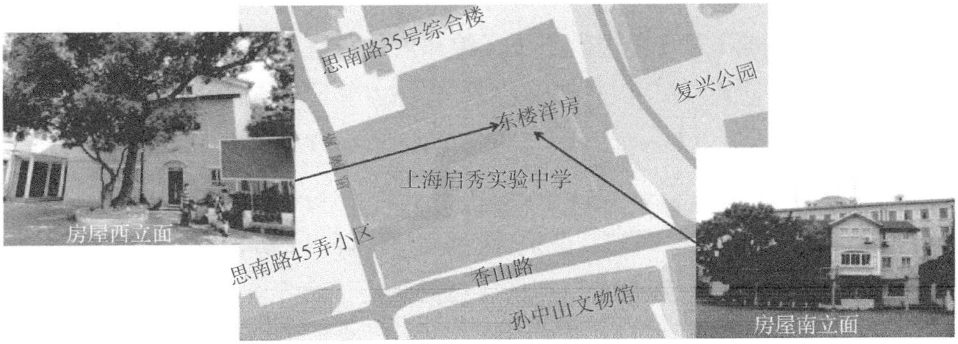

图 2-01-1　项目位置示意图

东楼洋房为历史保留建筑，建造于 1925 年，由法国建筑师设计，为一幢三层砖木混合结构的西式洋房。房屋的建筑平面近似方形，东西长 19.740 m，南北宽 16.740 m，总建筑面积约 710 m^2。东楼洋房自 1981 年由启秀中学接手后至今，共大修过三次，其中 2005 年前大修过两次，2005 年大修过一次。现根据学校规划，拟将该建筑向东南方向平移至靠近香山路一侧，并将房屋顺时针旋转后使房屋正立面与思南路一致，图 2-01-2 为东楼洋房整体移位示意图。

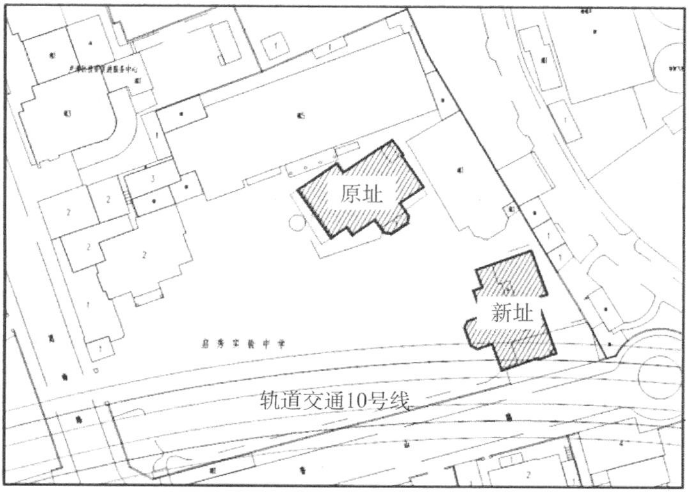

图 2-01-2　东楼洋房整体移位示意图

2. 价值评估与建筑现状

项目的价值评估(图 2-01-3)主要包括四个方面:①历史价值，②艺术价值，③科学价值，④使用价值。

1) 价值评估

历史保留建筑承载了传统的历史风貌和地方特色，是政治、经济、文化演进的客观表现和考量依据。历史文化建筑具有普通建筑所不可比拟的价值:在历史价值方面，其不仅体现在距今的年限长度，而且体现在其濒危及稀有程度上；在艺术价值方面，历史文化建筑所承载的花草树木、飞禽走兽、亭台楼宇、神话故事和戏剧人物，都具有极高的鉴赏价值，也是当代许多创作灵感的来源；在科学价值方面，其结构设计、理念融合都是社会发展与时代背景的融合，其科学文化价值不断地警醒和教育着后代；在使用价值方面，历史文化建筑是古代人民智慧的结晶，是古代劳动人民成功与地位的象征，是内心融合感和归属感的体现，之

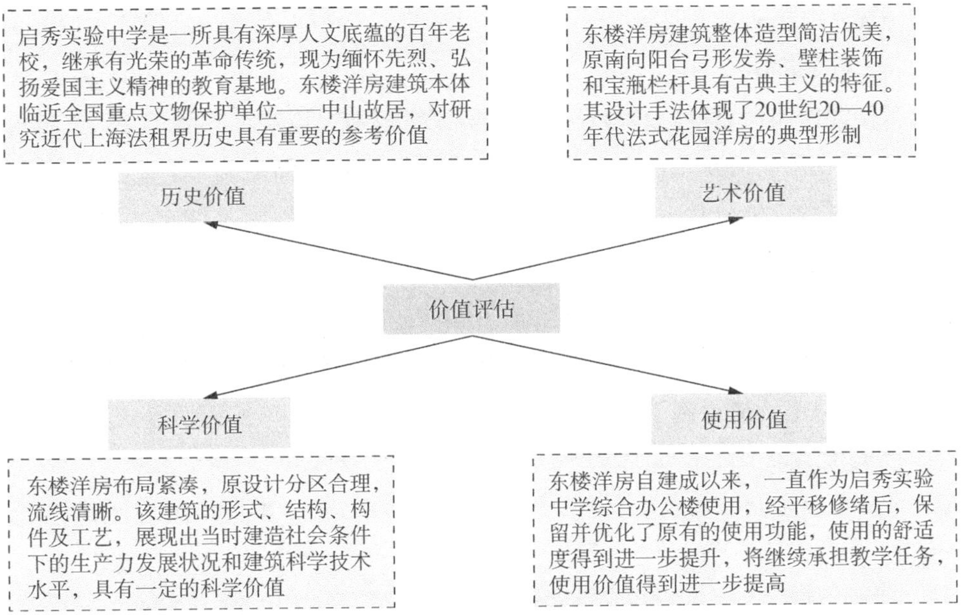

图 2-01-3　项目价值评估

所以称为历史文化建筑，是其具有一定的历史年限，代表着一个朝代或者时期的产物，无论是未来升级改造后的使用，还是以景点或展览的形式陈列，均具有一定的实用意义。

该案例中，启秀实验中学东楼洋房位于衡山路—复兴路历史文化风貌区，自建成八十余年来，历经多次修缮，建筑风貌基本保存完好，作为第三次全国文物普查登录点，是中山故居周边历史文脉的重要组成部分，其价值主要包括以下四个方面。

（1）历史价值

启秀实验中学是一所具有深厚人文底蕴的百年老校，继承有光荣的革命传统，现为缅怀先烈、弘扬爱国主义精神教育基地。东楼洋房作为启秀实验中学的重要组成部分，见证了上海近代教育史的发展，保存了几代师生的集体记忆，人文价值深厚。东楼洋房建筑本体临近全国重点文物保护单位——中山故居，对研究近代上海法租界历史，尤其是中山故居周边历史变迁和风貌演变具有重要的参考价值。

（2）艺术价值

东楼洋房建筑整体造型简洁优美，原南向阳台弓形发券、壁柱装饰和宝瓶栏杆具有古典主义的特征。其设计手法体现了 20 世纪 20—40 年代法式花园洋房的典型形制。室内功能合理，装饰简洁现代，与建筑整体风格相协调。建筑原东北入口处的马赛克地面铺装及玻璃木门，反映了当时的审美情趣，具有一定的艺术价值。

（3）科学价值

东楼洋房布局紧凑，原设计分区合理，流线清晰。该建筑的形式、结构、构件及工艺，展现出当时建造社会条件下的生产力发展状况和建筑科学技术水平，具有一定的科学价值。

（4）使用价值

东楼洋房自建成以来，一直作为启秀实验中学综合办公楼使用，经平移修缮后，保留并优化了原有的使用功能，使用的舒适度得到进一步提升，将继续承担教学任务，使用价值得到了进一步提高。

2）建筑现状

项目建筑现状主要（图 2-01-4）包括两个方面：①建筑结构现状，②建筑装饰现状。

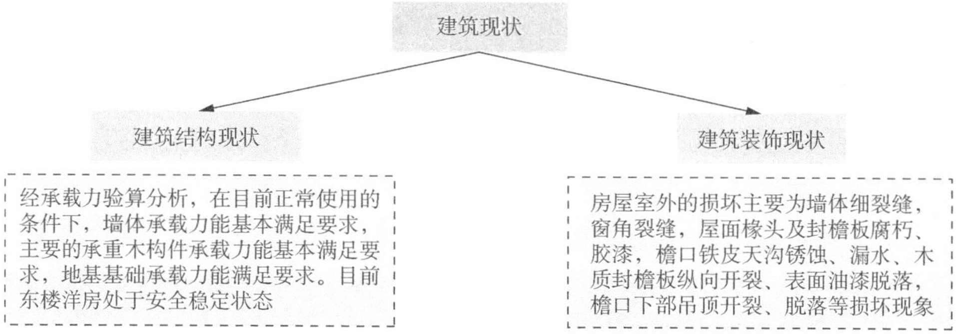

图 2-01-4　项目建筑现状

（1）建筑结构现状

东楼洋房的基础采用墙下三合土刚性条形基础，砖砌大放脚，上部结构采用砖木混合结构，竖向主要承重构件为青砖和石灰砂浆砌筑的砖墙，楼面的水平承重构件主要为木格栅和木楼板，屋面采用木结构坡屋面，楼梯采用木结构。

经过现场勘察检测认为：目前房屋的室外状况基本完好，尚未发现有明显的严重损坏现象。房屋的室内状况基本完好，尚未发现承重砖墙及木结构有明显的严重损坏现象。东楼洋房存在明显的整体向东及向北倾斜现象，其中向东的倾斜率较大，平均倾斜率为 10.0‰，等于《危险房屋鉴定标准》（JGJ 125—2016）修订稿规定的 1%的限值；向北的倾斜率相对较小，平均倾斜率为 5.6‰。墙体砖主要为青砖，强度等级评定为 MU7.5；砌筑砂浆为石灰砂浆，强度评定值为 1.5 MPa；木材为洋松，强度折减系数取 0.8，其中的抗弯强度值为 8.8 MPa，顺纹抗剪强度值为 0.96 MPa。

经承载力验算分析，在目前正常使用的条件下，墙体承载力能基本满足要求，主要的承重木构件承载力能基本满足要求，地基基础承载力能满足要求。修缮前东楼洋房处于安全稳定状态。

（2）建筑装饰现状

目前，房屋主要作为学校的综合办公楼使用。底层的使用功能为总务办公室、财务办公室、体育器材室及体育办公室；二层的使用功能为心理咨询室、工会办公室、团队活动室、头脑奥林活动室以及红十字活动室；三层的使用功能为电子阅览室、团队活动室、档案室、机房以及储藏室。

房屋室外的损坏主要为墙体细裂缝，窗角裂缝，屋面椽头及封檐板腐朽、脱漆，檐口铁皮天沟锈蚀、漏水，木质封檐板纵向开裂、表面油漆脱落，檐口下部吊顶开裂、脱落等现象，详见图 2-01-5。

(a) 檐口下部吊顶脱落

(b) 封檐板纵向开裂

(c) 屋面檐口铁皮天沟锈蚀

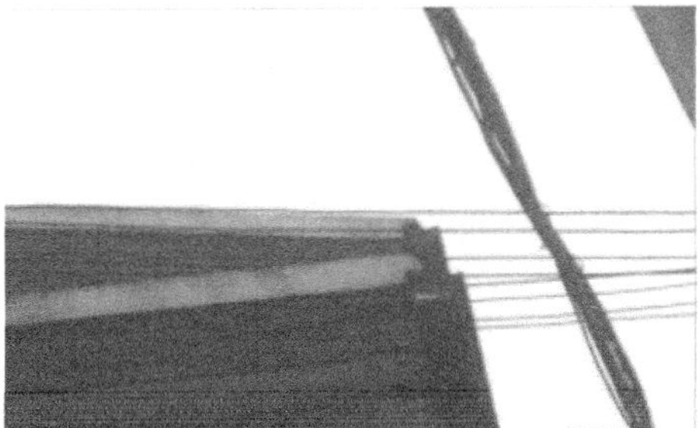

(d) 封檐板局部脱落

(e) 台阶与主体结构脱开

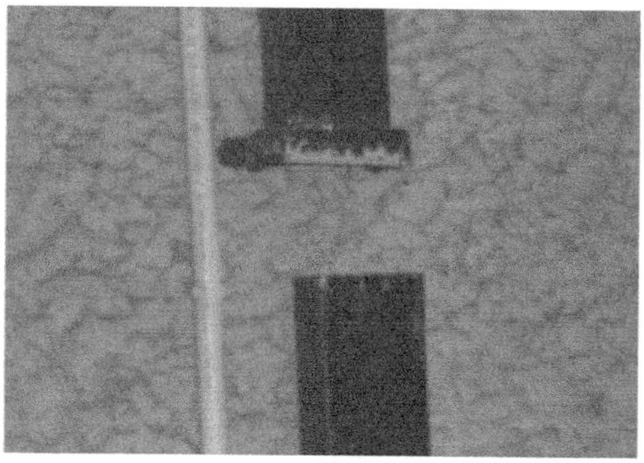

(f) 雨水管竖向断开

(g) 圈木装饰檐口腐朽

(h) 椽头及封檐板腐朽、脱落

图 2-01-5　部分室外损坏部位

房屋室内的损坏主要为底层墙体底部返潮，墙面粉刷竖向通长裂缝，门窗角裂缝，墙面及顶渗水等现象，详见图 2-01-6。

(a) 墙体通常细缝

(b) 窗框渗水、粉刷起皮脱落

(c) 墙底返潮、面层起鼓

(d) 窗角裂缝

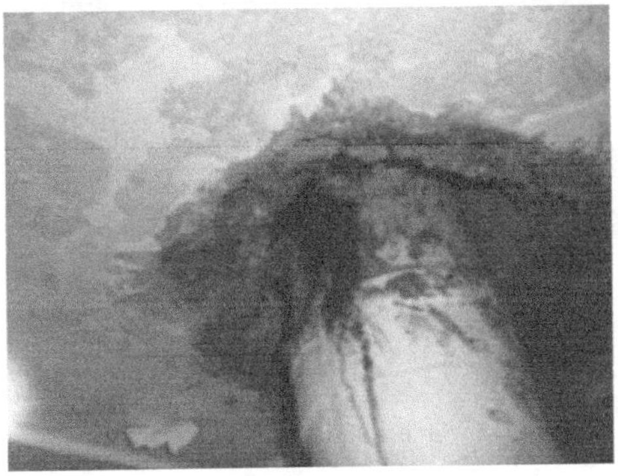

(e) 管子锈蚀

(f) 墙面渗水

图 2-01-6　部分室内损坏部位

综上所述,启秀实验中学内建筑无论从结构安全性,还是美观实用性的角度,都无法满足正常教学活动的需要,同时由于校区重新规划等需要对整栋建筑进行平移,修缮工程的实施具有重要意义。

3. 功能诉求

项目的功能诉求(图 2-01-7)主要包括五个方面:①延续历史建筑风貌,②加固建筑结构,③完成室内外装饰工程,④优化校园布局,⑤满足各项功能指标。

1) 延续历史建筑风貌

"衡山路—复兴路"历史风貌保护区思南路一带坐落着包括法、英、德、西班牙等风格各异的别墅,总建筑面积 7.88 万 m^2,共有 51 幢历史建筑,是上海成片花园洋房最集中的区域,也是凸显海派历史人文特色的标志性地区。且与全国重点文物保护单位——孙中山故居仅一墙之隔。因此,整个修缮过程需要注重对历史建筑风貌的保护，延续城市历史文脉。

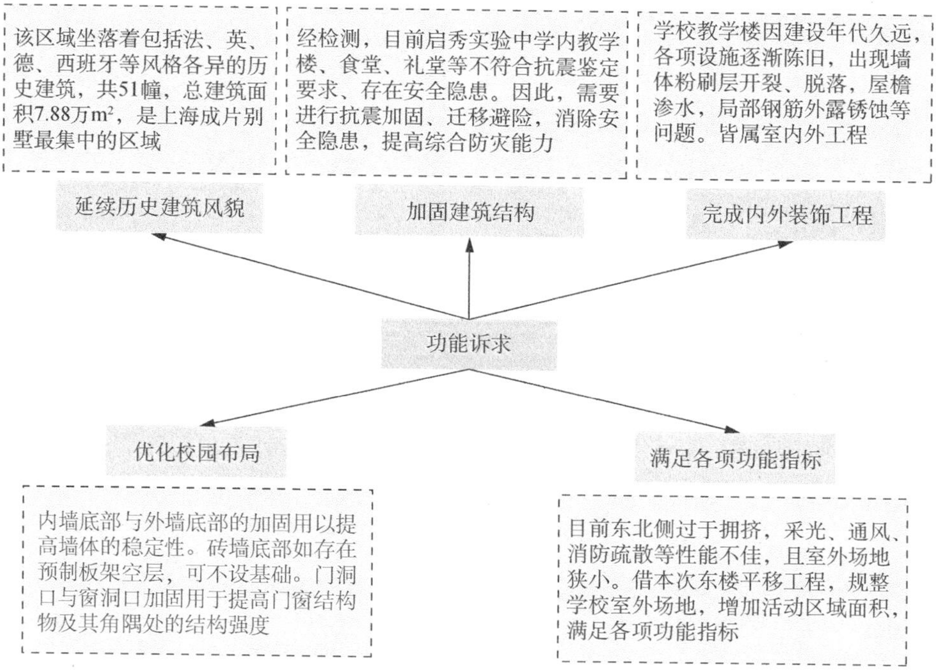

图 2-01-7　项目功能诉求

（2）加固建筑结构

经检测，现存启秀实验中学内教学楼、食堂、礼堂等不符合抗震鉴定要求，存在安全隐患，在校师生安全受到威胁。因此，需要进行抗震加固、迁移避险，消除安全隐患，提高综合防灾能力。

（3）完成室内外装饰工程

新一轮的教学发展需要良好的硬件设施保障，然而学校教学楼因建设年代久远，各项设施渐趋陈旧，出现墙体粉刷层开裂、脱落，屋檐渗水，局部钢筋外露锈蚀等问题。修缮过程中除应该加固建筑结构外，尚须完成整栋建筑的室内外装饰。

（4）优化校园布局

如图 2-01-8 所示，目前学校校园北侧为主要教学用房，南侧为室外运动场地，东南侧为一幢二层的电脑房，校园东北侧过于拥挤，不仅采光、通风、消防疏散等性能不佳，且室外场地狭小、不规整，使其无法得到最大化利用。随着学校办学规模的扩大及日益丰富的课外活动，室外场地不足或将成为制约学校发展的阻力之一。借本次东楼平移工程，规整学校室外场地，增加活动区域面积（新增羽毛球场）以丰富学生室外娱乐项目。平移后的东楼洋房位于校区用地的东南端，校方规划该校用地的东南端为非机动车停车棚。故东楼洋房应与东南侧的非机动车停车棚保持一定的距离。平移后东楼洋房原朝南立面现朝西，正对校园大门，有利于校园环境整治。而且平移修缮后，东楼洋房继续作为校办公用房使用，因在相应规范上对办公用房的日照时间没有硬性要求。

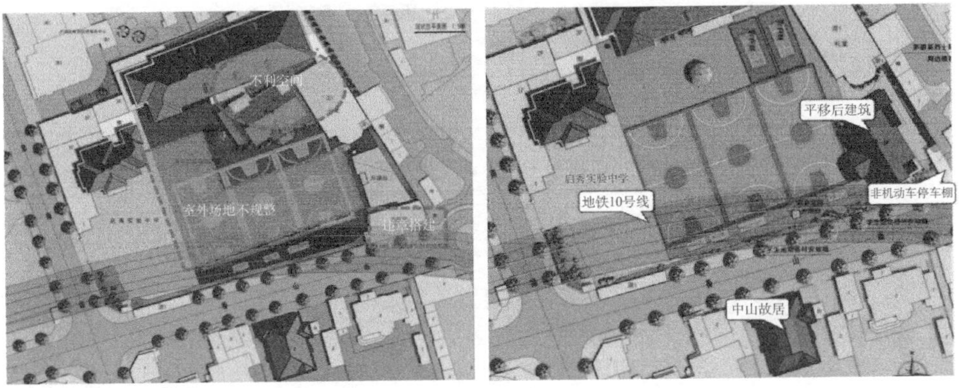

图 2-01-8　平移前后校园总体布置情况

(5) 满足各项功能指标

建筑物的设计需要满足较多功能指标，包括规划用地面积、可建设用地面积、代征用地、总建筑面积（地上、地下），容积率、建筑密度、绿化率、建筑高度、建筑层数及停车位等。其中，建设用地面积是指项目用地红线范围内的土地面积，一般包括建筑区内的道路面积、绿地面积、建筑物所占面积及运动场地等；总建筑面积是指在建设用地范围内单栋或多栋建筑物地面以上及地面以下各层建筑面积之总和；基地面积是指根据用地性质和使用权属确定的建筑工程项目的使用场地面积；建筑密度是指建筑物底层占地面积与建筑基地面积的比率（用百分比表示）；建筑容积率系指建筑总楼板面积与建筑基地面积的比值，与建蔽率为不同概念。例如：在 10 000 m^2 的建筑基地上，建有单楼层 5 000 m^2，共两层楼的建筑，则容积率为 100%，建蔽率为 50%。公式：容积率＝总建筑面积/总用地面积（与占地面积不同）；绿化率是指项目规划建设用地范围内的绿化面积与规划建设用地面积之比；日照间距是指前后两排南向房屋之间，为保证后排房屋在冬至日底层获得不低于 1 h 的满窗日照而保持的最小间隔距离；檐口高度是指结构外墙体和屋面结构板交界处的屋面结构板顶，檐口高度就是檐口标高处到室外设计地坪标高的距离。檐口高度就是檐口标高处到室外设计地坪标高的距离。“檐口”又被误叫作“沿口”，一般说的屋面檐口是指大屋面的最外边缘处的屋檐的上边缘，即“上口”，不是突出大屋面的电梯机房、楼梯间的小屋面的檐口。该案例中，主要的建筑功能指标包括建筑防火、日照和通风指标等，这些指标均需要满足要求，具体如表 2-01-1 所示。

表 2-01-1　建筑防火、日照和通风指标

编号	指标	问题	图片
1	防火	修缮前东楼洋房与教学楼之间最近点 0.9 m，与礼堂最近点只有 1.4 m。不满足《建筑设计防火规范》(GB 50016—2010)中的规定	
2	日照	修缮前东楼洋房位于教学楼的南侧，最小距离只有 0.9 m，导致教学楼局部教室日照不足 2 h。学生长期处于采光不足的教室中，不利于学生学习和身心健康。右图中浅灰色与深灰色均为不达标区域，不满足《中小学建筑设计规范》(GB 50099—2011)中的要求	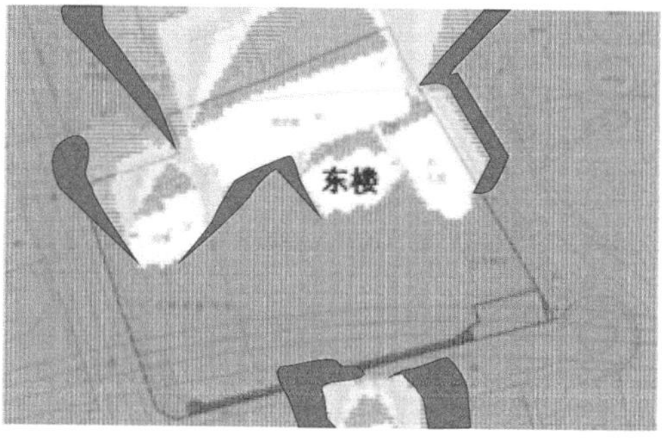

续　表

编号	指标	问题	图片
3	通风	上海夏季主导风向是东南风，修缮前东楼位于教学楼的南侧，导致教学楼与东楼洋房相对应的部分不通风，不满足《中小学建筑设计规范》(GB 50099—2011)中的要求	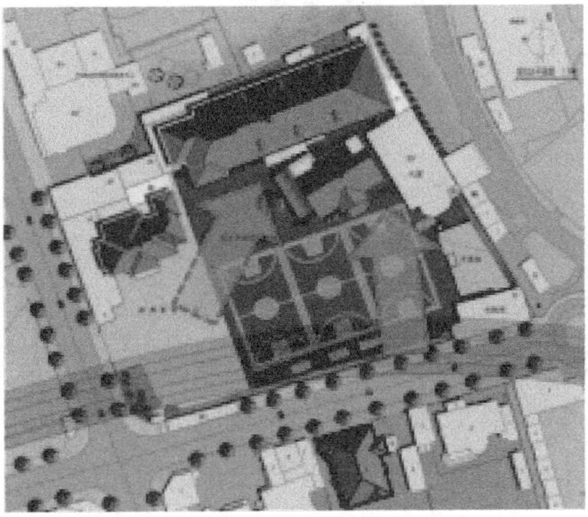

4. 项目建设面临的主要问题及可行性分析

1）项目建设面临的主要问题

项目建设面临的主要问题(图 2-01-9)主要包括三个方面，即：①下卧地下管线，②邻近建筑物，③与轨道交通设施部分重叠。

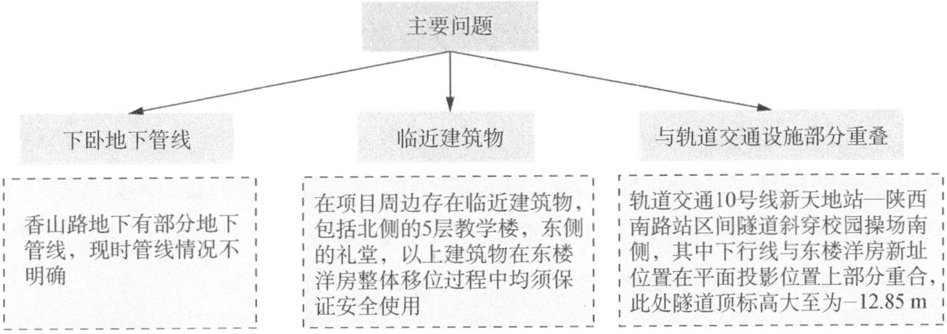

图 2-01-9　项目面临的主要问题

(1) 下卧地下管线

香山路地下有部分地下管线，当时管线情况不明确。

(2) 邻近建筑物

在整体迁移的东楼洋房北侧有一幢 5 层教学楼，东侧有一幢 1 层礼堂，以上建筑物在东楼洋房整体移位过程中均须保证安全使用，同时，新址位置现有一幢

2 层建筑(电脑房),需要予以拆除。

(3) 与轨道交通设施部分重叠

轨道交通 10 号线新天地站—陕西南路站区间隧道斜穿校园操场南侧,其中下行线与东楼洋房新址位置在平面投影位置上部分重合,此处隧道顶标高大致为−12.85 m(吴淞高程)。

2) 项目建设的可行性分析

由于东楼洋房平移至校园东南侧,毗邻轨道交通 10 号线新天地站至陕西南路站区间隧道。为了保障轨道交通结构和运营的安全,上海申通地铁集团有限公司对房屋的平移工程项目进行了技术审查,并出具了《上海申通地铁集团有限公司轨道交通安全保护区域作业方案技术审查意见》(上海申通地铁集团有限公司,2012 年 7 月)。审查意见认为,启秀中学东楼洋房平移工程总体可行,并提出了一些针对性的意见。

根据审查意见,拟采取以下措施:

(1) 东楼洋房平移后,新址位置与隧道下行线在平面投影位置上部分重合,重合部位的面积占房屋总占地面积的 17%;

(2) 平移后的房屋基础采用筏板基础,下部脱空,并做到施工前后的附加荷载基本为零;

(3) 新址位置现有的一幢 2 层建筑(电脑房)的拆除会出具专项拆除方案,并报审;

(4) 为了及时收集、反馈和分析上海启秀实验中学东楼洋房建筑物在整体移位过程中建筑物本身及周边地下管线并保留建筑物的变形信息,实现信息化施工,确保整体移位过程中以上环境要素的安全,拟委托上海东亚地球物理勘查有限公司承担施工中的监测、监护工作。

考虑到房屋平移后轨道交通线路运营过程中,可能会对房屋产生振动影响,拟采取以下措施:

(1) 不改变平移前后房屋的使用功能,平移后仍作为学校的行政办公楼使用,可以进行楼层功能的调整,但不得作为用于教学的教室使用;

(2) 平移后,对房屋采取减振降噪措施。根据《启秀实验中学建筑加固修缮和平移工程可行性专家论证会会议纪要》(上海市文物局文物处、上海市规土局风貌处,2012 年 8 月),东楼洋房在确保历史建筑安全和风貌的前提下进行平移是可行的。

5. 修缮方案与内容

1）平移修缮目标

（1）平移目标

充分考虑了平移后对中山故居周围历史文化风貌和轨道交通10号线的影响。通过保护东楼洋房的历史风貌，保存其承载的历史信息及价值，实现保存地域文化特征，延续城市文脉的目的，将东楼洋房向东南方向平移至靠近香山路一侧，并将房屋按顺时针旋转后使得房屋正立面与思南路一致。平移施工期间和移位完成以后，确保房屋、附属设施及人员的绝对安全。减少移动时的摩擦系数，使平移启动时的加速度降至最低，确保房屋安全。施工前后平移最终地点的附加荷载增加为零。

（2）修缮目标

本次平移修缮将结合平面布局调整提高其使用安全性，提升使用功能和舒适度。该建筑经多年使用，内部空间布局凌乱，建筑设备管线老化，本次修缮将全面更新管线设备。本次平移修缮将结合校方的实际需求，更新部分室内空间功能，使其与现代办公教学使用需求相适应。

2）修缮原则

（1）安全性原则

在楼房施工期间和移位完成以后，确保房屋、附属设施及人员的绝对安全。不改变房屋的结构和使用功能，保持室内原有净高。在平移施工中，移位后拆除托盘梁，以不影响房屋的外立面及内部空间。托换体系和下滑道要安全可靠，有足够刚度。平移、旋转的方向、距离和速度完全可控，安全度高。满足上海申通地铁集团有限公司提出的施工前后的附加荷载增加基本为零的要求。

（2）真实性原则

尽量全面保存并延续历史建筑的真实历史信息和价值，恢复原有建筑风貌，在修缮中更换建筑构件，使用新材料和新做法时，应保持与原有建筑协调。鉴于东楼洋房在1949年后经多次大修，对原建筑进行了改扩建。在未掌握确凿原始设计资料的情况下，本次修缮采取了现状修缮的策略，即保留现状，按目前外观进行修缮。

(3) 完整性原则

除保护历史建筑本体和其重要历史积淀层等有形价值之外，还应保护相关的历史、人文等无形资产和自然环境。建筑环境是建筑风貌保护的重要内容，本次平移修缮与环境整治后，建筑与周边环境更加和谐，室外场地规整、交通流线清晰、绿化层次丰富，延续了原有校园环境的人文气息。

(4) 可识别性原则

充分尊重历史建筑的原貌，慎重对待优秀历史建筑在它存在的历史过程中的增建部分。东楼洋房历经修缮改建，包括封闭南侧阳台、新增建三层、增建西侧附属用房等。经考证和评估，这些增建部分已成为建筑整体不可分割的部分。本次修缮将保留其与原始建筑主体可资区别的部分，并与整体保持和谐。

(5) 可逆性原则

修缮的措施应尽量做到可以撤除而不损害建筑本身，修缮新添加的材料其强度应不高于原始材料，新旧材料要有物理、化学兼容性。为将来采取更科学、更适合的修缮留有余地。

(6) 合理利用、利用服从保存原则

保存历史建筑风貌与适应现代生活工作的新要求的有机结合。本次修缮以保护为先，从功能性、舒适性、安全耐久性提升等方面对东楼洋房适应新时代教学需求进行可持续再利用。

3) 修缮方案

项目修缮方案(图 2-01-10)主要有三个方面：①新址电脑房拆除，②临时加固，③移位路线。

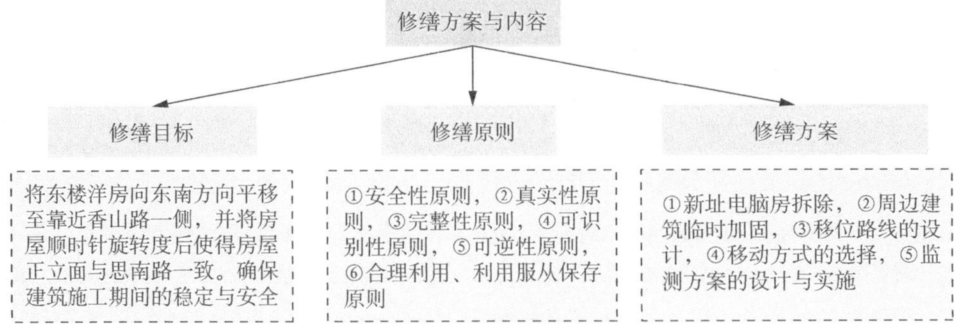

图 2-01-10　项目修缮方案

(1) 新址电脑房拆除

由于新址位置部分与电脑房重合，需将电脑房拆除，为降低拆除施工对地铁的影响，采用人工拆除的方法。在新规划的位置做一个新的基础，从原址到新址位置之间的移动轨迹做下轨道梁并对基础进行处理。

(2) 临时加固

为保证平移的安全，平移前需针对房屋的薄弱部位进行临时加固，加固的目的在于加强房屋的整体性，提高抗变形能力。加固的房式以钢结构支撑、拉结为主，用砌体对窗洞封堵；同时对现有结构物体进行必要的安全加固。在结构物上新做一个上托盘梁与结构物成为一个整体，在上托盘梁与下滑梁之间摆放移动装置。

(3) 移位路线

图 2-01-11 为移位路线示意图，在上托盘梁与下滑梁之间把建筑物与基础切断，根据托换理论改变其传力系统，使迁移部分与原结构部分脱离开，分成原有基础部分与迁移部分，使迁移部分形成独立的可移动单元体。然后通过推拉、旋转等技术手段，使结构物到达新的预定位置。第一步将该房屋往东南方向平移约 33.753 m 至旋转址位置，第二步在旋转址位置让房屋沿中心位置顺时针旋转约 93.73°，第三步对该房屋往东北方向平移约 11.653 m 至新址位置。

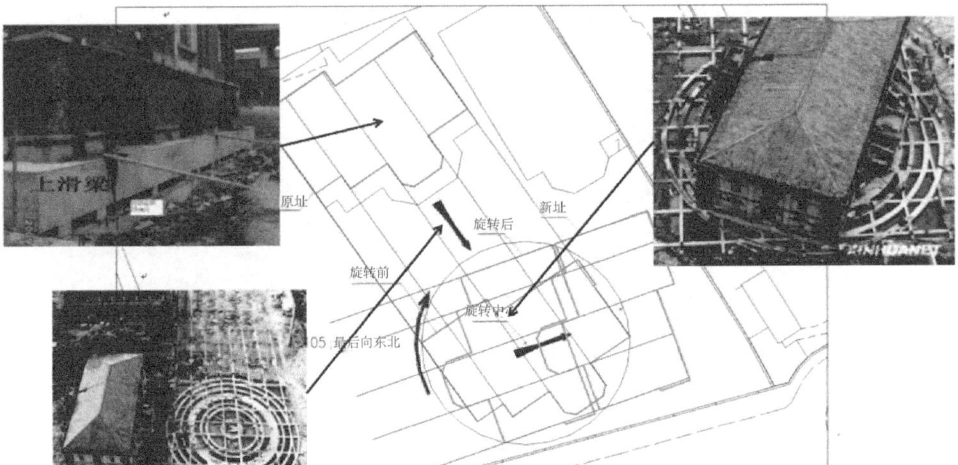

图 2-01-11　移位路线示意图

(4) 移动方式

采用滑脚式滑移方式,该方式便于换向和旋转,平移稳定易于控制;平移设备采用 PLG 液压同步移位控制系统,使结构顶推时附加内应力降至最低;托盘梁采用 G30 钢筋混凝土,由纵横夹墙梁、联系梁及抬墙梁等组成,梁顶面不高于室内地坪,到位后保留托盘梁以提高房屋的抗震安全性;下滑梁分为原址段、室外过渡段及新址段。原址段下滑梁采用条形基础,并使其与原有基础良好结合;室外过渡段下滑梁采用条形基础,旋转位置采用筏板基础;新址段下滑梁与新址基础浇筑成整体。

(5) 监测方案

移位过程中对房屋的姿态、顶推荷载、顶推位移及滑道沉降等进行实时全程监测。为了及时收集、反馈和分析上海启秀实验中学东楼洋房建筑物在整体移位过程中建筑物本身及周边地下管线并保留/(中山故居)保护建筑物的变形信息,实现信息化施工,确保整体移位过程中以上环境各要素的安全。

① 监测内容方面。综合委托单位提供的资料、该工程施工特点及上文中关于建筑物整体平移过程的介绍,确定本次建筑物整体移位过程中设置以下的监测内容:拟整体移位的东楼洋房沉降监测、周边地下管线变形(沉降、位移)监测、周边保留/(中山故居)保护建筑物沉降监测和轨道交通 10 号线区间轴线上方地表沉降监测。

② 监测点位布置方面。地周边保留建筑物上布设 19 个监测点,编号 F1～F19。在香山路对街,即全国重点文物保护单位中山故居建筑物上布设 7 个监测点,编号 F20～F26。其中,保留建筑物监测点直接用电锤在建筑物外侧墙体上打洞,并将膨胀螺栓或道钉打入,或利用其原有沉降监测点。全国重点文物保护单位中山故居建筑物上的监测点原则上利用其原有沉降监测点,如需增设监测点,则应满足文物保护的要求进行。报警值及检测频率设置见表 2-01-2、表 2-01-3。

表 2-01-2 报警值统计表

监测项目	速率(mm/d)	累计(mm)	备注
拟移位建筑物沉降	±2	±10	设计单位规定
周边地下管线变形	±3	±10	管线监护单位规定

续　表

监测项目		速率(mm/d)	累计(mm)	备注
周边建筑物沉降	保留建筑	±3	±20	设计单位规定
	中山故居	±1	±10	设计单位规定
轨交 10 号线轴线上方地表沉降		±2	±10	地铁监护单位规定

表 2-01-3　施工监测频率表

监测内容\工况	监测频率			
	建筑物内上托盘梁及下滑梁施工	建筑物外下滑梁施工	基础托换及移位	移位完成后 15 d 内
拟移位建筑物沉降	1 次/d	1 次/d	3 次/d	1 次/3 d
地下管线变形	1 次/d	1 次/d	1 次/d	1 次/3 d
保留/保护建筑物沉降	1 次/d	1 次/d	1 次/d	1 次/3 d

③ 监测方案的编制原则方面。开展和加强监测工作，可以根据实时的变形数据，分析判断预测建筑物整体移位过程中周边地下管线及建筑物的变形情况，采取有效措施，达到控制地下管线及建筑物变形，保护周边环境要素的目的。根据本工程的具体情况以及以往相类似工程的经验，本监测方案的编制按以下原则进行：

(a) 监测内容和监测点的布设。满足本工程设计和有关规范规程的要求，同时能客观全面反映本工程施工过程中周围环境和基坑围护体系的变形。

(b) 提高检测仪器与方法的精度。采用的监测仪器满足精度要求且在有效的检校期限内，采用方法准确、监测频率适当，符合设计和规范规程的要求，能及时准确提供数据，满足施工的要求。

(c) 加强检测数据的处理。监测信息及时反馈给工程各方，同时在日常的施工过程中加强对各项监测数据进行综合分析，找出产生原因并给出相应的建议对策，及时预测对下道工序的影响，优化施工，切实达到信息化施工。

6. 社会稳定风险分析

该项目的风险源主要来自项目施工过程中可能引发的社会稳定风险。施工过程中，施工垃圾的运输可能给周边路面带来污染，影响环境。施工车辆的进出、施工垃圾的堆放，可能对周边道路交通、群体出行带来影响与不便。施工过程可能对周边群体带来噪声、建筑材料气味、粉尘等污染，给周边群体的日常生活、工作带来影响。

可以采取下述措施将上述风险降低。①积极与周边企业、居民进行沟通，制订合理的施工组织方案，采取适当措施，尽可能缩短工期，减少施工对周边群体的影响。②针对施工带来的环保问题（如噪声、粉尘、建筑垃圾等），建设单位严格按照有关环保规定，采用环保要求达标的建筑材料，采取相应的防尘、防噪措施，文明施工。③建议施工单位安排专人负责管理施工车辆进出，避开早晚高峰时段，减轻施工对周边道路带来的压力及给周边群体带来不便。

综合考虑该项目的风险，该项目建设对周边居民的学习和生活影响较小，不会产生激烈的冲突和矛盾。

7. 项目效果与总结

平移后的东楼洋房如图 2-01-12 所示，校园的建筑布局与建筑平面设计均得到优化，在保护了历史建筑的同时提升了校园规划的效率。历经多次保护与修缮，历史保留建筑东楼洋房的风貌基本保存完好，在延续了其历史价值、科学价值、艺术价值的同时，极大地扩充了其使用价值，建筑规划与校园布局整体协调。

图 2-01-12　平移后的东楼洋房

本次修缮改造是出于对文物建筑的保护、校园环境的优化，以及解决校园长远发展的一次环境整治。经过此次改造，原有的校园规划更加合理，新建了校园运动场，保护了历史保留建筑，符合周边环境的整体规划。同时，加固和优化了原有的建筑结构。本次修缮改造提升了校舍建筑的抗震性能、保障了在校师生的人身安全；有利于改善校舍状况，为在校师生创造良好教学环境；有利于延续历史文脉，增强黄浦区文化的辐射力。

02 借天借地寻空间

——以瑞金一路 151 号向明中学内地铁站本体上部地下空间建设项目为例

向明中学校舍因建造年代较早，建设标准较低，已不能满足现在的教学需求，与一个示范性高中的硬件条件要求有较大差距。与此同时，规划中的上海轨道交通 13 号线淮海中路站站址位于向明中学下方，结合轨道交通 13 号线规划，该校区内将有几栋教学楼需要拆迁，造成教学空间的大量减少，影响教学工作的正常进行。向明中学以此次地铁修建为契机，利用地铁站厅上部原设计的覆土空间，设置二层地下空间作为地下停车库和设备辅助用房，在基地面积有限的情况下解决了校园建筑空间需求的问题，实现对城市土地资源的充分利用。这一举措符合现代化的城市发展战略，有助于城市由平面外向扩展向立体发展，实现土地多重使用，以缓解供需矛盾。同时，改善了向明中学的教学硬件条件，对校园景观进行统一规划和设计，为全面提高上海市基础教育水平开拓了新思路。

1. 项目概况

该项目位于瑞金一路 151 号向明中学校内，瑞金一路以东，长乐路以南。东侧为上海社会科学院，南侧为居民住宅及企事业单位用房。学校地处市商业旅游文化中心城区，与淮海路商业街毗邻，享有得天独厚优越的经济、人文资源环境，图 2-02-1 为该项目位置示意图，规划中的轨道交通 13 号线将从向明中学的下方穿过。基地内环境较为复杂，轨道交通 13 号线淮海中路站站址位于学校操场正下方。结合轨道交通 13 号线规划，校区内 4 栋教学楼需要拆迁，对校区内总体布局进行合理调整，学校操场地下空间进行综合性开发利用。地下空间紧邻地铁车站，设置于学校操场正下方。

2. 工程背景

项目工程背景(图 2-02-2)主要包括三个方面：①现有校区建筑影响轨道交

图 2-02-1　项目位置示意图

通 13 号线的建设，②“人口密集、用地紧张”等城市发展的瓶颈日益凸显，③学校教学与硬件设施需要改善。

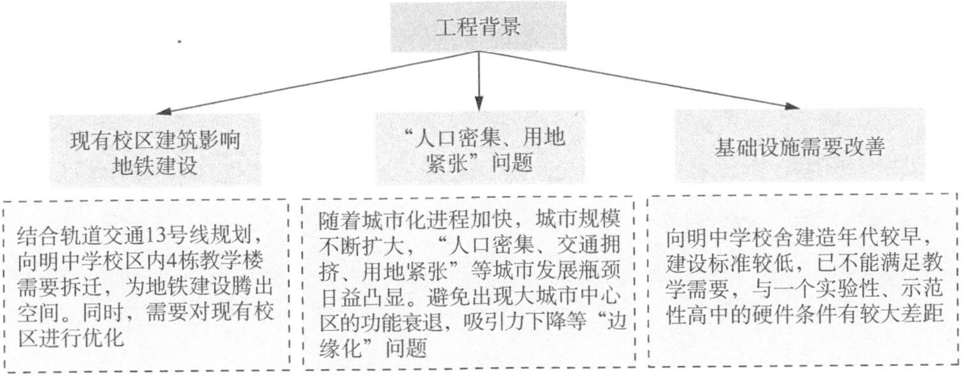

图 2-02-2　项目工程背景

1）现有校区建筑影响轨道交通 13 号线的建设

规划中的上海轨道交通 13 号线淮海中路站站址位于向明中学下方。结合轨道交通 13 号线规划，向明中学校区内 4 栋教学楼需要拆迁，为地铁建设腾出空间。同时，由于早期的校区规划难以满足现代化教学的需求，校内总体布局需重新进行合理调整。

2）“人口密集、用地紧张”等城市发展的瓶颈日益突显

随着城市化进程加快，城市规模不断扩大，“人口密集、交通拥挤、用地紧张”

等城市发展的瓶颈日益凸显。为了缓解大城市中心区的功能衰退、吸引力下降等"边缘化"问题，提高城市功能运转效率，进行大规模的地下空间开发，实现城市的"真三维"立体发展是解决这一问题的捷径。目前，以轨道交通建设为龙头的大规模地下空间开发，正在国内悄然兴起。以地铁为发展轴的地下空间线性开发，结合以地铁站为枢纽的综合节点开发，必将带动整个城市地下空间网络的形成。

3）学校教学与硬件设施需要改善

向明中学是上海市实验性、示范性高级中学，已被评为上海市科技特色学校、中国创造学会教育实验基地。但向明中学校舍建造年代较早，建设标准较低，已不能满足教学需求，与一个示范性高中的硬件条件要求有较大差距。为完善和提升向明中学教学设施的使用功能，优化校园建筑和景观布局，将向明中学建设成为一所符合上海市《普通中小学校建设标准》(DG/TJ 08—12—2004)的高级中学，原卢湾区教育局拟以地铁建造为契机，对向明中学进行重新规划布局和改造。

3. 功能诉求

项目的功能诉求(图 2-02-3)主要包括四个方面：①符合上海市城市轨道交通规划的要求，②充分利用城市土地资源，合理开发地下空间，③符合上海市教育事业发展规划的要求，④解决教职工停车问题，改善城市交通状况。

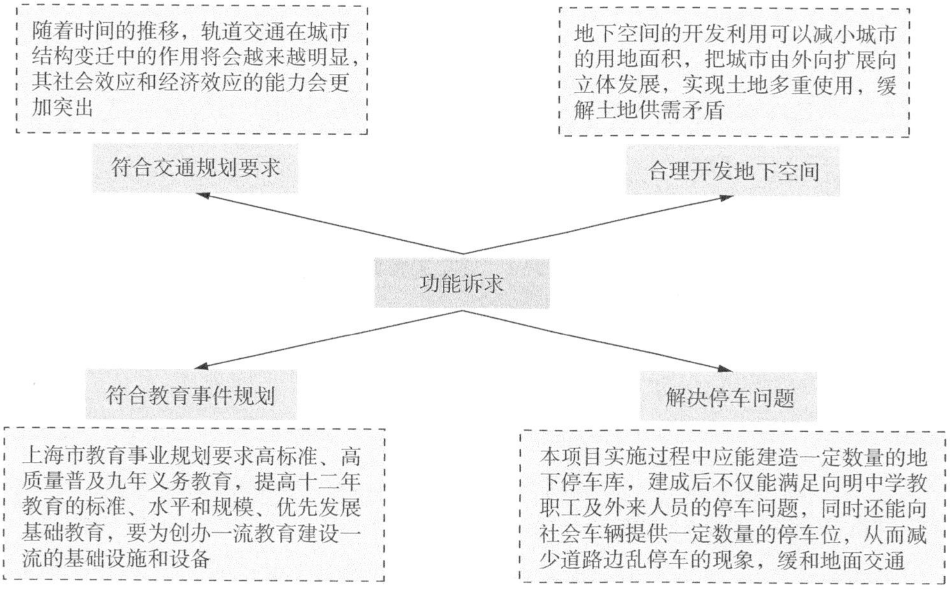

图 2-02-3　项目功能诉求

1）符合上海市城市轨道交通规划的要求

随着上海经济的持续快速发展，城市基础设施特别是城市交通设施与城市化发展的矛盾逐渐显现。从各国城市化发展的实践来看，轨道交通以其运量大、速度快、安全可靠和准点舒适的技术优势已经成为城市主要的交通工具。上海轨道交通多年的发展经验也证明：轨道交通在城市可持续发展以及城市结构变迁中的重要作用是十分明显的。随着时间的推移以及轨道交通线路的增加，轨道交通在城市结构变迁中的作用将会越来越明显，其社会效应和经济效应会更加突出。因此，向明中学的校区规划需要符合上海市城市轨道交通规划的要求。

2）充分利用城市土地资源，合理开发地下空间

地下空间是城市规划区内地表以下的空间，随着经济的快速发展，土地资源紧张、交通拥挤、人口密度过高等“城市综合征”越来越制约着城市的可持续发展。地下空间的开发利用可以减小城市的用地面积，把城市由平面外向扩展向立体发展，实现土地多重使用，缓解土地供需矛盾；同时地下空间的开发利用还能减少对城市周围环境的破坏，为城市提供更多的绿化空间，有效地改善生存环境。因此，地下空间的合理开发利用对于城市经济社会发展起着巨大的推动作用。

3）符合上海市教育事业发展规划的要求

根据上海市教育事业相关发展规划，上海将进一步高标准、高质量普及九年制义务教育，提高十二年制教育的标准、水平和规模，优先发展基础教育，要为创办一流教育，建设一流的基础设施和设备，要使中小学、中等职业技术学校的校舍、设备与社会主义现代化国际大都市的要求相匹配。不断创造条件，近期内使上海的教育总体水平达到或接近世界发达国家的教育水准，基础教育在普及率与教育质量上达到或接近国际一流水平。向明中学作为首批“上海市实验性示范性高中”，其校舍建造年代较早，建设标准较低，已不能满足教学需求，与一个示范性高中的硬件条件要求有很大差距。因此，该项目实施过程中需要进一步改善教学硬件条件，对校园景观进行统一规划和设计，创造优美、生态的校园环境，促进学校的进一步发展，为全面提高上海市基础教育水平作贡献。

4)解决教职工停车问题，改善城市交通状况

随着机动车保有量的不断增加，市中心停车难的矛盾日益显现。上海市向明中学位于瑞金一路长乐路，是市中心人流和车流较为集中的地区之一。

由于向明中学校区基地面积较小，校区内原有停车空间非常有限，一些外来车辆通常只能停靠在路边或人行道上，这不但影响附近道路秩序，还会给道路安全带来隐患。该项目实施过程中，需建造一定数量的地下停车位，建成后不仅能满足向明中学教职工及外来人员的停车问题，同时还能向社会车辆提供一定数量的停车位，从而减少道路边的乱停车现象，缓和地面交通，使地面交通要道不致堵塞，能够有效改善路面状况，加快车流速度，进而达到改善城市交通状况的目的。

4. 内容与规模

1）建设内容

该项目位于瑞金一路 151 号向明中学校区内，紧邻轨道交通 13 号线，与淮海路商业街毗邻。该工程为利用地铁站厅上部原设计的覆土空间而设置的地下二层地下空间，图 2-02-4 所示为该项目的规划平面示意图，图 2-02-5 所示为项目效果示意图，由地下学校教育设施（兼机动车停车库）、通向西校区的地下联络通道及沿街二层公共设施组成，其中地下学校教育设施（兼机动车停车库）为地下二层，建筑面积约 12 900 m²；联络通道为地下一层，通道面积约 360 m²；沿街二层公共设施为地上二层，建筑面积约 2 244 m²。

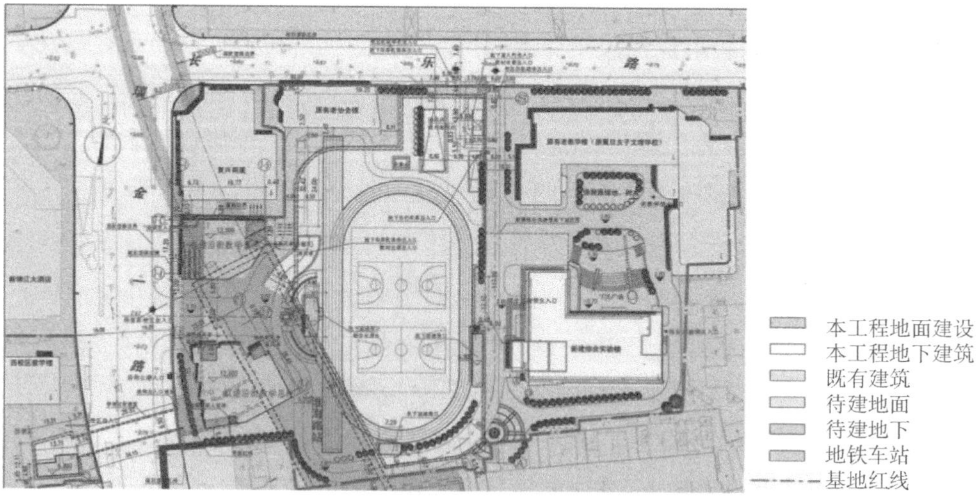

图 2-02-4　项目平面示意图

其中，地下室南侧部分主要作为学校教育设施使用，包括训练馆、艺术体操房、健身房、乒乓房、台球房、附属管理用房、男女浴室和男女厕所等；地下运动设施按 320 人考虑设计(训练馆 3 班 150 人、艺术体操 1 班 50 人、台球 4 台 20 人、乒乓球 1 班 50 人、健身房 1 班 50 人)。地下室北侧部分主要作为车辆停放和人防物资库使用,总停车位 150 个。地下车库车辆流线与学校运动设施使用人员流线完全分开,无交叉。地下二层层高 4.0 m,地下一层层高 4.6 m,地面附土厚度 1 m,上部设置学校运动场。

图 2-02-5 项目效果示意图

2) 结构体系

地下室采用地下二层框架结构设计,地下室采用厚度为 0.3 m 的顶板,地下一层采用厚度为 0.3 m 的板材,侧墙厚度为 0.6 m,底板厚度为 1 m,立柱尺寸为 0.6 m×0.6 m。顶板覆土仅 1 m,故底板下需设置抗拔桩抗浮。车库底板埋深约 11 m,考虑该基坑平面尺寸较大,为 60 m×117 m,同时紧邻轨道交通 13 号线淮海中路地下四层站,围护结构采用厚度为 800 mm 的地下连续墙。除结构体系外,电气设计、暖通设计、给排水设计、节能环保设计、消防设计等均做了详细方案。

5. 综合效益分析

该项目的建设符合上海市教育事业发展规划的要求,符合本区新一轮教育发展规划精神,有利于本区教育设点布局规划的顺利实施,促进本区基础教育事业的发展;符合轨道交通 13 号线规划要求,以地铁建设为契机,调整和完善学校的功能布局，使校园功能进一步完善，布局更加合理；实现对城市土地资源的充分利用，合理开发地下空间，在基地面积有限的情况下解决了校园建筑空间需求的问题。项目的建设是必要的。

该项目位于瑞金一路151号向明中学校内，瑞金一路以东，长乐路以南，地处市商业旅游文化中心城区，与淮海路商业街毗邻，享有得天独厚优越的经济、人文资源的环境，基地周边的市政配套设施基本完善。项目的建设条件良好。该项目的建设能减少对学校周围环境的破坏，且为学校及周边提供更多的绿化空间，有效地改善和美化校园环境，为向明中学的师生及周边居民提供一个良好的学习和生活空间。该项目是对城市地下空间的开发利用，能够减小城市的用地面积，有效缓解土地供需矛盾，对于再造城市空间、发展城市交通、美化城市环境和繁荣城市经济方面有着重要的价值，有助于实现城市的可持续协调发展。

项目建成后将满足向明中学教职工及外来人员的停车问题，减少校园里乱停车现象，保障学校师生人身安全；向社会车辆提供停车位，改善城市交通状况；提供更多的绿化空间，美化校园环境；充分利用城市地下空间，有助于实现城市的可持续协调发展。项目的建成具有重要而深远的社会现实意义。

6. 项目效果与总结

如图2-02-6所示分别是向明中学的地下走廊、地下形体室和地下篮球馆。向明中学地下空间的开发是上海老城区改造升级的典型工程，符合上海市城市轨道交通规划的要求。充分利用城市土地资源，合理开发地下空间，符合上海市教育事业发展规划的要求。同时，解决了教职工停车问题，改善了城市交通状况。

该项目的实施符合上海市城市轨道交通规划的要求，把城市由平面外向扩展向立体发展，实现土地多重使用，缓解土地供需矛盾，为城市提供更多的绿化空间，有效地改善生存环境。同时，该项目的实施进一步改善了向明中学的教学硬件条件，缓解了因轨道交通建设而造成的硬件设施不足的矛盾，对校园景观进行了统一的规划和设计，促进向明中学的进一步发展。在基地面积有限的情况下解决了校园建筑空间需求的问题，实现对城市土地资源的充分利用。

该项目的实施符合上海市新一轮教育发展规划的要求，符合“科教兴区”和“人才强区”的教育发展战略，促进本区教育全面发展，提高了本区基础教育设施的标准和水平，完成基本建成与“双高区”（即高品位的商业商务区、高品质的生

图 2-02-6　项目中学地下空间

活居住区）相匹配的精品教育规划目标。同时，结合轨道交通 13 号线的规划建设，进一步合理调整了学校的设点布局，对本区教育资源进行了联动调整和整体优化。

03 校舍主人换了

——以南京东路幼儿园分园修缮工程为例

随着我国全面放开二胎政策，区域内适龄幼儿的数量逐年增长，南京东路幼儿园现有的园舍规模已经无法满足周边地区幼儿的入园需求。为了缓解入园高峰，扩大南京东路幼儿园的办学规模和园舍规模，经黄浦区教育局协调，拟将北京东路小学总部（北京东路 261 号）搬迁至新校址（北京东路 566 号），并将北京东路 261 号校舍作为南京东路幼儿园分园使用。但由于北京东路 261 号校舍原用途为小学教学用房，校舍空间布局和室内外环境均不符合幼儿园教学活动的相关要求和实际需要，且房屋自 1975 年建成以来未进行过整体大修，因此黄浦区教育局拟实施南京东路幼儿园（北京东路分园）的校舍大修工程，以满足幼儿园使用要求。

1. 项目概况

北京东路 261 号是黄浦区教育局的房产，黄浦区教育局决定将该校舍给上海市南京东路幼儿园使用，且拟进行校舍大修。

南京东路幼儿园分园位于黄浦区北京东路 261 号，学校占地面积为 1 058.1 m^2，总建筑面积 2 130.4 m^2，建筑总高度为 21.2 m（含女儿墙高度），房屋主体为砖混结构 6 层建筑。现南京东路幼儿园分园原为北京东路小学旧址，为符合学前教育的特殊性拟对该房屋进行大修。图 2-03-1 所示为项目位置示意图。

图 2-03-1　项目位置示意图

2. 建筑结构与现状

教学楼原为五层建筑(局部为六层),建造于1974年,后期于1988年在原屋面上加建一层,现为六层砖混结构房屋。承重墙体采用240 mm厚烧结多孔砖,楼面为预应力钢筋混凝土多孔板。纵横墙体位置均设置圈梁,大开间位置设置钢筋混凝土花篮梁。

根据现场检测,教学楼实际结构布置、承重体系情况与设计要求基本相符。梁、柱等结构构件的截面尺寸基本与原设计相一致。现有结构的整体施工质量良好。对教学楼混凝土强度实测结果表明,教学楼抽样位置处上部结构混凝土强度推定值可评定为C20;地下室混凝土强度推定值可评定为C28。教学楼一～三层砌筑砂浆实测强度可评定为7.5 MPa,四～六层砌筑砂浆实测强度可评定为6.1 MPa;教学楼一～三层砌筑用砖强度可评定为MU15,四～六层砌筑用砖强度可评定为MU10;楼面梁的配筋与设计要求一致。对房屋损伤情况的调查结果表明,目前教学楼未发现明显的结构性损伤现象,存在的问题主要为非结构性损伤,表现为墙面粉刷层空鼓、龟裂现象,原因是由于材料老化、温度收缩等引起。根据现场检测结果和委托方提供的装修方案,对教学楼抗震承载力进行计算分析,结果表明:教学楼除极少数承重墙体抗震承载力不满足计算要求外,其余承重墙体抗震承载力基本符合计算要求;混凝土梁配筋满足计算要求。

综上所述,教学楼除极少数承重墙体抗震承载力不满足计算要求外,其余承重墙体抗震承载力基本符合计算要求。对部分构造措施不满足规范要求的,建议在有条件时进行适当抗震补强。

3. 功能诉求

项目功能诉求(图2-03-2)主要包括四个方面:①建筑结构加固,②完成内装饰,③适应幼儿园教学的功能性改造,④外立面风格与周边环境相协调。

1) 建筑结构加固

在不改变建筑主体结构的基础上,进行墙体加固至符合抗震需求,完成内外部修缮、建筑设备和管线更新改造,并实施相应的室外总体工程改造。

2) 完成内装饰

需要重新施作屋面防水、外墙面保温、室内装饰、强弱电安装、设备安装和绿化等。

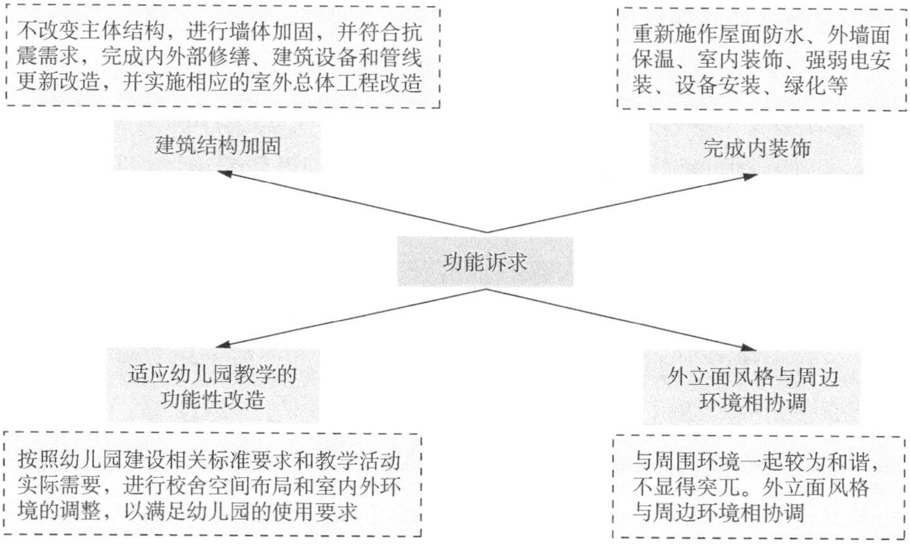

图 2-03-2　项目功能诉求

3）适应幼儿园教学的功能性改造

按照幼儿园建设相关标准要求和教学活动实际需要，进行校舍空间布局和室内外环境的调整，以满足幼儿园的使用要求。

4）外立面风格与周边环境相协调

外立面效果经过现场实际踏勘，根据南京东路街道目前情况，结合幼儿园办学特点进行整体设计。

4. 修缮方案

修缮方案包括多个层面，外立面修缮、新做成品隔断、扶手与栏杆、墙面部分、顶面部分、楼地面部分、更换门窗及屋面整修等，如图 2-03-3 所示。

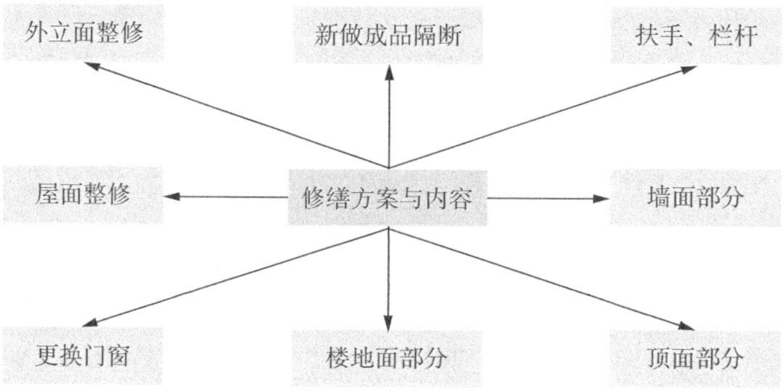

图 2-03-3　项目修缮方案

图 2-03-4 所示为南京东路幼儿园修缮改造后的效果图。其中，建筑立面效果与外滩街道对于北京东路的规划要求相一致。同时，室内空间分隔与装饰则按照幼儿园建设的相关需求和实际需要进行了调整，以满足幼儿园的使用要求。

图 2-03-4　项目效果示意图

外立面整修：原墙面铲除疏松外层至墙体基层；对渗漏处及空鼓处进行修补，主要是东立面和西立面；抹灰砂浆找平；界面剂找平（所有墙面）；东、西立面涂刷无色防水涂料；抹灰砂浆；根据立面喷涂仿石涂料、白色外墙漆；勒脚。

屋面整修：保留现屋面保温层；最薄处水泥砂浆找平层找坡；app 防水卷材（聚酯胎）；白灰砂浆隔离层；C20 细石混凝土保护层（双向钢筋网片）。

更换外门、外窗、内窗：所有外门、窗更换为黑色彩铝平开门、窗，选用铝合金中空门窗；钢化玻璃（钢化玻璃做均质处理）。二层及二层以上所有教室、卧室、活动室外窗内侧窗台安装实木栏杆。厨房进出门为甲级防火门，消防泵房间门为甲级防火门；所有走廊内窗为甲级防火窗。

楼地面部分：底层教室、卧室、餐厅地坪找平后铺 PVC 地板。二层及二层以上教室龙骨基层；基层板；铺设实木面漆地板。厨房、卫生间找平后铺设防滑地砖。楼梯、走廊原地坪保留使用。

顶面部分：教室、卧室、办公室和走廊保留使用原顶棚，刷白色乳胶漆。卫生间、厨房采用轻钢龙骨铝合金长条扣板吊顶。

墙面部分：教室、卧室、餐厅刷乳胶漆（淡黄色），做成品实木复合踢脚板。保育室、卫生间、厨房贴瓷砖。楼梯、走廊原墙面保留使用。

楼梯扶手、栏杆：一～三层双侧增设圆形实木儿童扶手，与原栏杆焊接；原栏杆除锈油漆；原木扶手修出白后油漆。

新做成品隔断：按照幼儿园建设相关功能需求和教学活动的实际需要，进行园舍空间布局和室内外环境的调整，以满足幼儿园的使用要求。

安装部分：一至三层增设儿童盥洗室，对于楼板的损坏予以补强措施。教室内新增吸顶空调。在教学楼 5 楼增设厨房及教师餐厅。根据建筑用途修改，对低压配电容量进行增容至 200 kW。并增加一路低压备用电源，供消防泵房双电源切换。根据大、中型幼儿园（6～9 个班的为中型幼儿园）要求增设消防设施：室内消火栓、室内自动灭火系统、火灾自动报警系统。为满足设备的正常使用增设水泵房。弱电预埋管。强电生活照明插座及应急照明系统更新。生活给排水系统更新，洁具更新。教室内新增吸顶空调的电源管线预埋。

5. 项目总结

北京东路 261 号校舍原用途为小学教学用房，通过加固建筑结构、完善内装饰、进行适应幼儿园教学的功能性改造、外立面风格与周边环境保持一致等措施，完成了教学空间由小学向幼儿园的转变。项目完成后，校舍空间布局和室内外环境均满足幼儿园教学活动的相关要求和实际需要，为未来教学空间的修缮与改造提供了新思路。

04 老城区中妙发展

——以桑园街地块新建幼儿园为例

该项目基地处于上海黄浦区的核心位置，临近黄浦江岸，区内建筑物密集，用地紧张，寻求一块可以直接满足新建幼儿园各项建设指标的大块空地较为困难。项目选址下部有轨道交通 9 号线穿过，使得可建设面积减少。如何在不影响地铁安全的同时，保证幼儿园建设的各项指标和城市绿地，使土地利用效率最大化是该建设的关键。

1. 基地分析

1）区位分析

图 2-04-1 为项目区位示意图。基地位于上海市核心地带，黄浦区中心偏东北位置，轨道交通 9 号线小南门站附近。基地临近黄浦江岸，距黄浦江岸不到 1 km，距浦东新区 1.5 km，老城区区内建筑物密集，用地紧张。要求在该基地处桑园街附近新建一幼儿园，满足周边地区幼儿的入园需求。

图 2-04-1　项目区位示意图

2）周边分析

图 2-04-2 为项目位置示意图，北至东江阴街，南至陆家浜路，西至跨龙路，东至桑园街。基地位于上海老城区内，基地内部建筑物密集、用地紧张。由于黄浦区老建筑的独特特点，周边有较多保护建筑。基地周边环绕新老小区，配套设施相对齐全，且配备城市绿化作为区块景观。轨道交通 9 号线穿过该地块，使得可建设面积减少，这将对新建幼儿园的规划造成一定的影响。

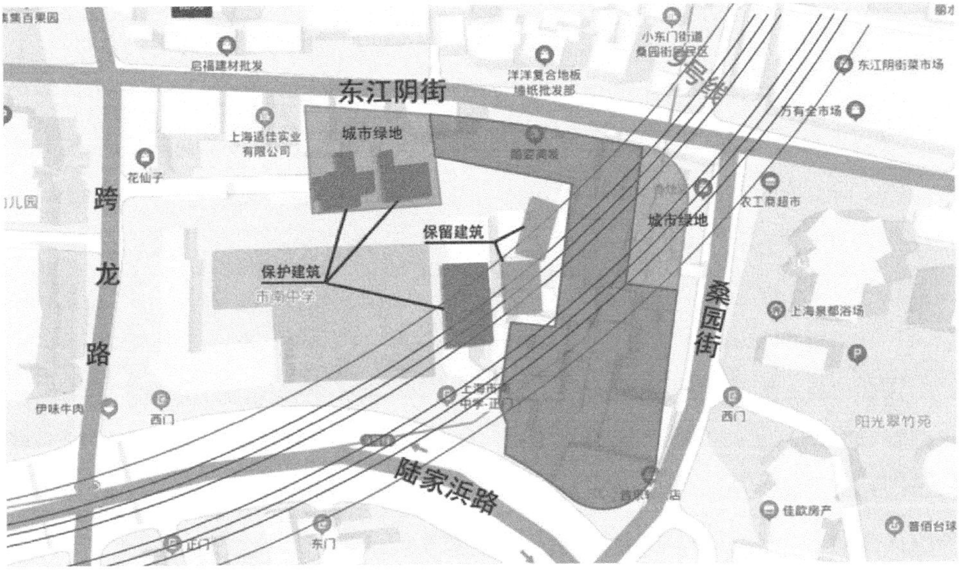

图 2-04-2　项目位置示意图

2. 功能诉求

项目功能诉求（图 2-04-3）主要包括四个方面：①满足幼儿园建设的各项指标，②土地利用效率最大化，③保证周边建筑的安全，④与周边环境相协调。

（1）新建幼儿园应满足包括防火、日照、通风等各项指标的要求。同时，按照幼儿园建设相关标准要求和教学活动的实际需要，进行园舍空间布局规划和室内外环境设计，以满足幼儿园的使用要求。

（2）保证城市绿地功能和整体指标平衡的前提下，使土地利用效率最大化。

（3）不对下穿地铁构成影响，不影响周边保留建筑和保护建筑的安全，保证地铁和周边建筑的安全。

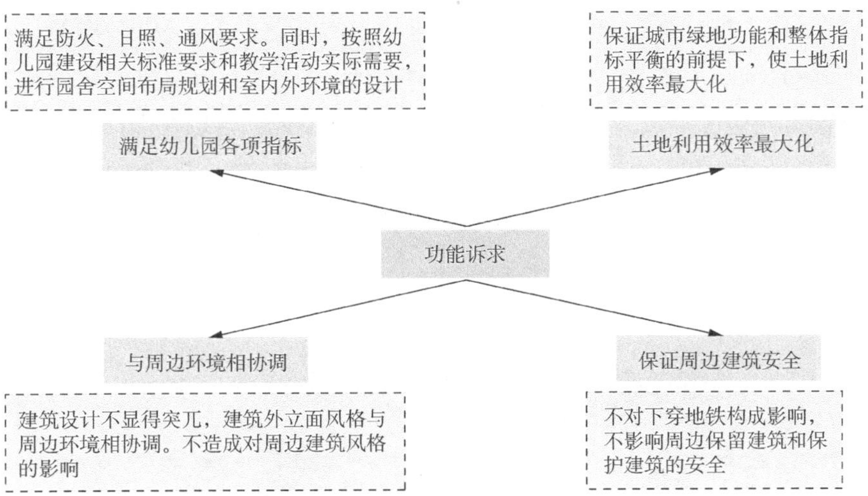

图 2-04-3　项目功能诉求

（4）外立面风格与周边环境相协调。

3. 方案设计

1）方案规划

建筑规划是指在建筑项目实施之前，根据项目要求和所给定的条件确立的项目设计主题、项目构成、内容和形式的过程。建筑方案设计主要以平面图、立面图、剖面图及必要详图等技术性图纸作为表达方式，不着重于建筑绘画技巧。

规划与设计严禁超出红线范围。由于地铁穿行本地块，使得一部分地面区域形成地铁禁建范围，可建设面积减少，因此需要调整控规，将原来的整体城市绿地进行分割，布置于地铁禁建范围内。可以在保证城市绿地功能和整体指标平衡的前提下，使土地利用效率最大化，图 2-04-4 所示为调整后的建设平面规划。

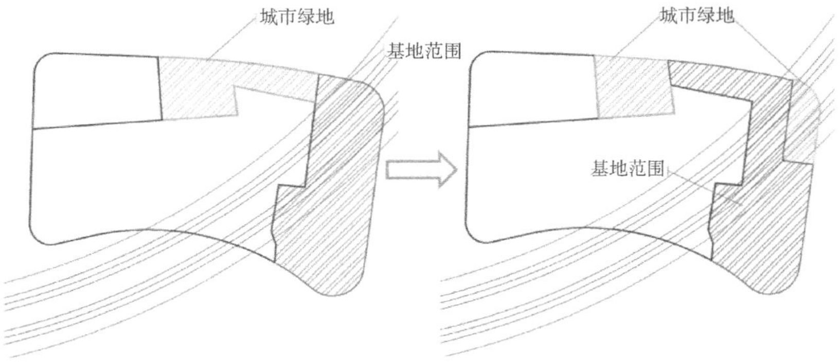

图 2-04-4　项目平面规划示意图

同时，由于地铁穿行，将整个待建地块分为南北两部分。其中，南侧区块面积较大，设计为教学用房，为幼儿园的主体建筑。北侧下场区块设计为后勤用房。在南北建筑中间的禁建区域设计为室外活动场地。可以在保证新建幼儿园整体指标平衡的同时，合理地利用中间地铁禁建范围为室外活动场地，并以此加强了南北两块幼儿园建筑间的联系，使土地利用效率最大化。图 2-04-5 为建设的功能分配示意图。

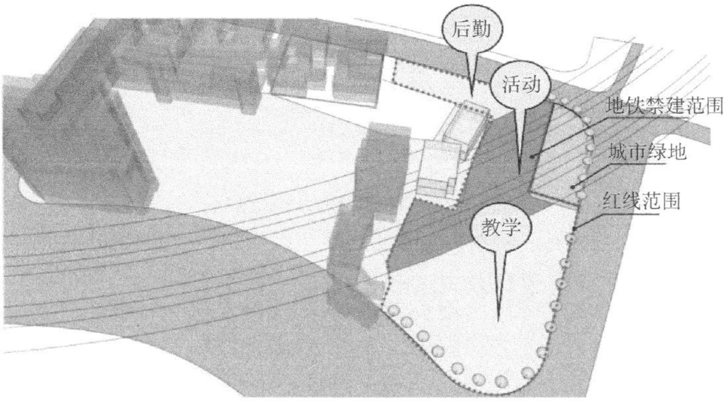

图 2-04-5　项目功能分配示意图

2）建筑设计

建筑设计是指建筑物在建造之前，设计者按照建设任务，把施工过程和使用过程中所存在的或可能发生的问题，事先做好通盘的设想，拟定好解决的办法、方案，用图纸和文件表达出来，作为备料、施工组织工作和各工种在制作、建造工作中互相配合协作的共同依据。便于整个工程得以在预定的投资限额范围内，按照周密考虑的预定方案，统一步调，顺利进行。并使建成的建筑物充分满足使用者和社会所期望的各种要求及用途。

建筑设计过程中，南边的教育用房和北边的后勤用房分别设置出入口，其中，教育用房的出入口为主要出入口，后勤用房的出入口为次要出入口。图 2-04-6 为建筑的出入口设计示意图。

图 2-04-7 为建筑内部空间设计示意图，南边的教学用房内部划分为静区和动、静相宜区。其中，静区用于日常的教学上课，且面朝南向，通风、日照充足，皆满足幼儿园各项建设的相应指标。动、静相宜区为辅助功能区，满足日常的室内活动、功能用房等。同时，动、静相宜区为过渡区，其北边与室外活动区相连接。

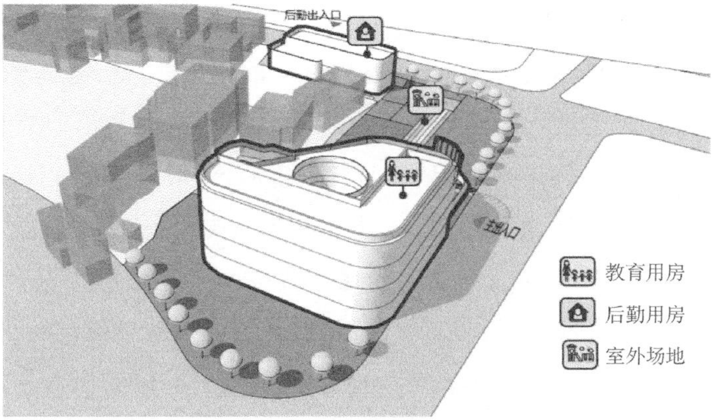

图 2-04-6　出入口设计示意图

整个幼儿园建筑在结构设计上既考虑了新建幼儿园应满足的各项指标，包括防火、日照、通风等。同时，按照幼儿园建设相关标准要求和教学活动实际需要，进行了校舍空间布局规划和室内外环境的设计，满足幼儿园的使用要求。动、静分区也方便了日常的幼儿教育和活动环节。

图 2-04-7　空间设计示意图

整个建筑设计过程中，顶部设置教师空间，提供了一个较好的工作环境，有利于教师办公。最南边设置幼儿教室，有利于采光和通风。教育用房的北边设置辅助功能空间，在满足幼儿园建设相关标准要求和教学活动实际需要的同时，于教育用房和室外活动区域之间形成一个过渡区。活动空间有效地连接了南边教育用房和北边后勤用房，整个建筑形成一个有机的整体。在保证新建幼儿园整体指标平衡的同时，合理地利用中间地铁禁建范围成为室外活动场地，并加强了南北两块幼儿园建筑间的联系，最大化地利用了现有规划区域。

3）流线分析

建筑流线，一般指动线，是建筑与室内设计的用语之一。意指人在室内、室外移动的点，连合起来就成为动线。优良的动线设计在博物馆等展示空间中特别重要，如何让进到空间的人，在移动时感到舒服，没有障碍物，不易迷路，是一门很大的学问。至于家居的动线设计，也是相当重要的一环，长久居住在这个室内的人，会产生相当复杂的动线。动线在公共空间中也常被提起，特别是游乐园、大型公园的交通动线，如果没有善加规划，会造成拥挤等不良的状况。此外，超市与百货公司的动线设计也是如此，有时更特别加强迂回，以便使消费者尽可能多地看到各个销售点。由此可知，并非每个空间中的动线都是以人移动要快速、方便为主。动线安排往往由两部分构成，一是固定构造物及摆设，二是人流、物流的路径。二者可因设计变动而相互影响，何者为主体，何者为客体，视空间塑形的指导原则而定，也因微调空间而主客异位。涉及具体设计时，空间大小，包括平面面积和空间高度，空间相互之间的位置关系和高度关系，以及内部成员的身心状况、活动需求、习惯嗜好等，都是动线设计时应考虑的基本因素。往往交通动线设计好，空间配置便大致确定。

图 2-04-8 为该案例中新建幼儿园的流线分析。由于地块割裂，所以流线显得更为重要，将室外活动空间布置于两幢建筑之间，并塑造路径感，加强了整个地块功能的紧密性。

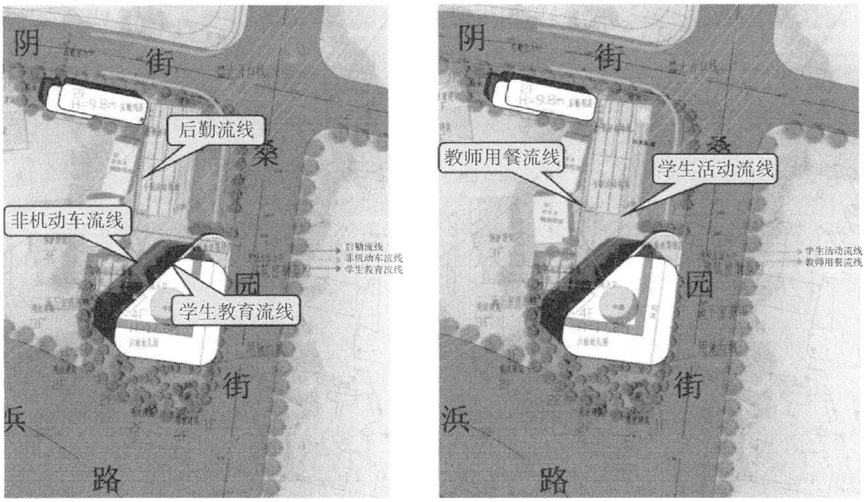

图 2-04-8　流线分析示意图

4）面积指标

建筑面积是指建筑物各层水平面积的总和，包括使用面积、辅助面积和结构面积。使用面积是指建筑物各层平面中直接为生产和生活使用的净面积。辅助面积是指建筑物各层平面中为辅助生产或辅助生活所占的净面积，使用面积和辅助面积的总和称为“有效面积”。结构面积是指建筑物各层平面中墙、柱等结构所占的面积。建筑面积是国家控制工程建设规模的重要指标之一，也是国家控制建筑标准的重要指标之一。建筑面积是初步设计阶段编制概算的依据。根据图纸计算出来的建筑面积和设计图纸表明的结构特征，利用相应的概算指标，从而可编制出概算书。同时，建筑面积在施工图预算阶段是编制与校对某些分部分项工程的依据。建筑面积是计算单位建筑面积经济指标的基础。如，作为建筑物技术经济指标之一的单方造价，就是预算总值除以建筑面积所得。为了控制建设投资，必须采用先进的技术，提高劳动生产率，节约原材料的消耗，使建筑物的单方造价在满足安全使用的条件下尽量降低。另外，建筑面积还是计算土地利用系数的依据。建筑面积除以建筑物的占地面积即为土地利用系数。为了少占用土地，充分利用土地，应当在满足使用要求的条件下，尽量提高建筑物的土地利用系数。

表 2-04-1 为该案例中新建幼儿园内各建筑单元的面积指标。建筑用房均按照幼儿园建设相关标准要求和教学活动实际需要进行设计，以满足幼儿园的使用要求。

表 2-04-1　各建筑单元的面积指标

幼儿生活班级单元面积（m^2）		服务管理用房面积（m^2）	
活动室	55	门卫室	30
寝室	40	保健观察室	35
卫生间	12	备餐间	105
盥洗	8	接待会议室	60
衣帽间	10	消控室	35
总计	125	教具室	100
后勤用房面积（m^2）		储藏室	240
厨房	75	办公室	105
洗衣间	55	园长办公室	20
消毒间	30	文印室	35
开水间	30	档案室	35
管理用房	130	职工厕所	30
		设备用房	250

4. 建筑意向

1）整体形态

图 2-04-9 为新建幼儿园的整体形态效果图，幼儿园的规划与设计符合幼儿教育开放活力的教育特点。建筑结构在整体规划、外形设计和建筑配色方面都充满活力与朝气，并与周围的建筑风格相匹配，同时最大可能地保护了城市绿地，避免了对周边保护建筑与保留建筑的影响，保证了地铁建筑的安全。

图 2-04-9　整体形态效果图

2）材质风格

图 2-04-10 为新建幼儿园的材质风格。在外立面材质设计方面，新建幼儿园结合了历史与现代的风格，与周边建筑的风格保持了统一与延续。一方面，建筑立面采用与黄浦区老建筑立面相融合的灰墙材质；另一方面，建筑立面采用与现代建筑立面相呼应的白色铝板材质。

3）立面细节

图 2-04-11 为新建幼儿园的建筑立面设计。确认新旧建筑结合的立面风格可行后，通过细化立面，加入适合幼儿园风格的元素，使桑园街幼儿园立面完整化和丰富化，设计更加符合幼儿教育开放活力的教育特点。

图 2-04-10　建筑材质风格

图 2-04-11　建筑立面设计

5. 项目总结

通过合理的方案规划，在不影响下穿地铁的情况下，完成了桑园街幼儿园的新建与设计。新建幼儿园满足相应建设的各项指标，包括防火、日照、通风要求。按照幼儿园建设相关标准要求和教学活动实际需要，进行校舍空间布局规划和室内外环境的设计，以满足幼儿园的使用要求。教育用房与后勤用房的分离式设计,保证了城市绿地功能和整体指标平衡的前提下,使土地利用效率最大化。同时,外立面整体形态与建筑材质的选择既与黄浦区的老建筑立面相融合,又嵌入了与现代建筑立面相呼应的白色铝板材质,整体风格与周边环境相协调。

05 小地块大谋划

——以裘锦秋地块新建小学为例

上海市老城区，建筑密集，可用于校区建设的地块较少，因此合理地开发地下空间将成为未来发展的趋势。在基地面积有限的情况下解决校园建筑空间需求的问题，实现对城市土地资源的充分利用，这一举措符合现代化城市的发展战略，有助于城市由平面外向扩展向立体发展，实现土地多重使用。特别是针对学校等公益建筑类，地上空间着重于校园教学，部分附属空间以及拓展教学场所则可以规划至地下，这将极大缓解土地供需矛盾，促进城市在发展过程中的自我更新。

1. 区位分析

图 2-05-1 为该项目区位示意图，项目位于黄浦区北端靠近苏州河一侧。项目用地东至温州路，南至北京西路，西至黄河路，北至福海公寓。周边区域多为老旧小区。项目用地范围内南部沿街区域为保留保护建筑顺德里。红线内其余建筑均拆除，并新建小学。

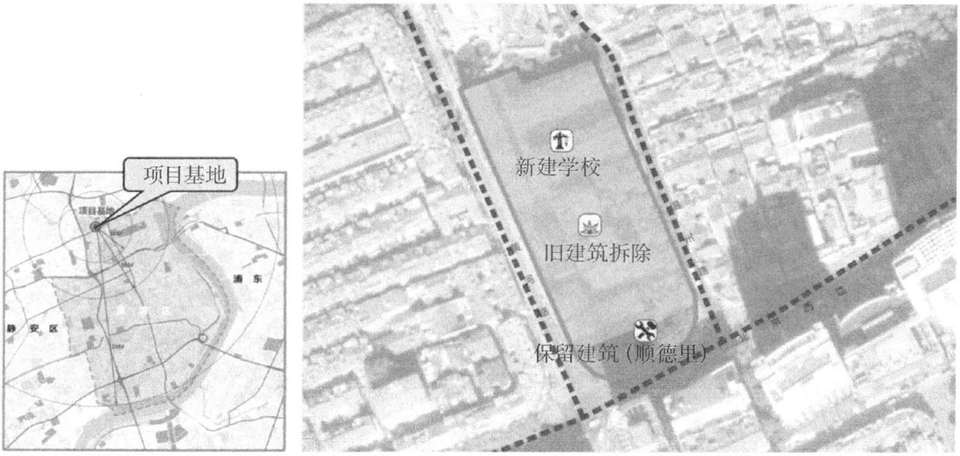

图 2-05-1　项目区位示意图

2. 功能诉求

项目诉求(图 2-05-2)主要包括三个方面:①满足各项相关指标,②土地利用最大化,③与周边环境相协调。

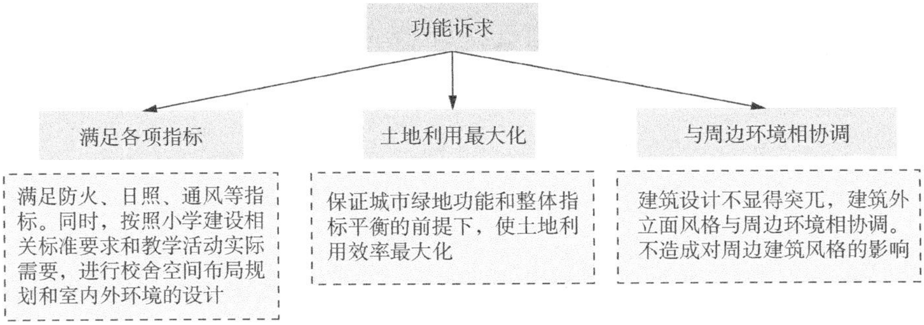

图 2-05-2　功能诉求

(1) 新建小学满足各项相关指标,包括防火、日照、通风。同时,按照小学建设相关标准要求和教学活动实际需要,进行校舍空间布局规划和室内外环境的设计,以满足校园教学的使用要求。

(2) 保证城市绿地功能和整体指标平衡的前提下,使土地利用效率最大化。

(3) 外立面风格与周边环境相协调。

3. 方案设计

项目方案设计(图 2-05-3)主要包括五个方面:①交通分析,②功能分区,③使用面积分析,④活动空间分析,⑤地下空间分析。

1) 交通分析

图 2-05-4 为项目规划过程中的流线分析,项目地块交通保证人车分流。其中,车行及后勤流线直接通过北部入口进入地下,人行流线主要分布于南边活动场地与中间的教育用房中。整个小学的人行与车行流线与外部的市政道路分割开,采用独立的人车分流设计。

2) 功能分区

图 2-05-5 为教育用房的功能分区,功能分区上保证普通教室朝南且位于 4 层及以下楼层,具有较好的通风、光照条件,同时方便了普通教室的使用,初步保证普通教室 30 间。行政办公布置于南楼 6 层,为行政办公提供一个相对独立、高效的办公空间。其余空间为专用教室及公共教学,设置于教学楼北边,合理地布置了教育用房的空间分布,最大限度地利用了土地资源。

车行及后勤流线通过北部入口进入地下，人行流线主要分布于南边活动场地与中间的教育用房中。整个小学的人行与车行流线与外部的市政道路分割开，采用独立的人车分流设计

交通分析

功能分区上保证普通教室朝南且位于4层及以下楼层，具有较好的通风、光照条件。行政办公布置于南楼6层，提供一个相对独立、高效的办公空间

功能分区

建筑用房均为按照小学建设相关标准要求和教学活动实际需要进行设计，满足新建小学的使用要求

使用面积分析

方案设计

地下空间分析

地下建筑为三层。地下一层为非机动车停车库、拓展教学空间和体育活动用房；地下二层为学校餐厅食堂、厨房以及体育活动用房；地下三层为设备用房和机动车库，提高土地利用率

活动空间分析

活动空间总共可以分为四个区域，包括地面活动空间、屋顶活动空间、运动场活动空间、地下活动空间

图 2-05-3　方案设计

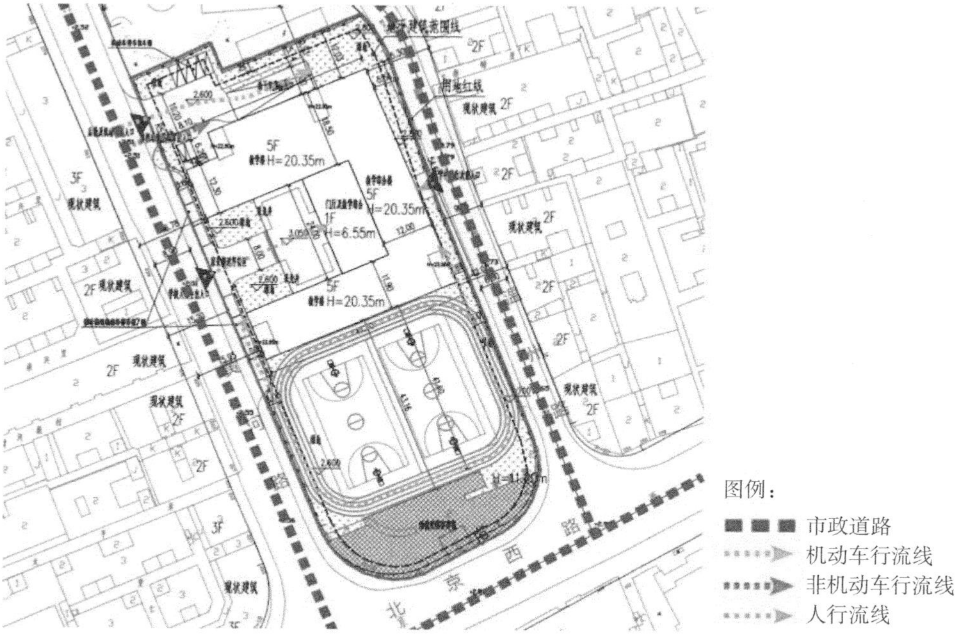

图 2-05-4　交通分析示意图

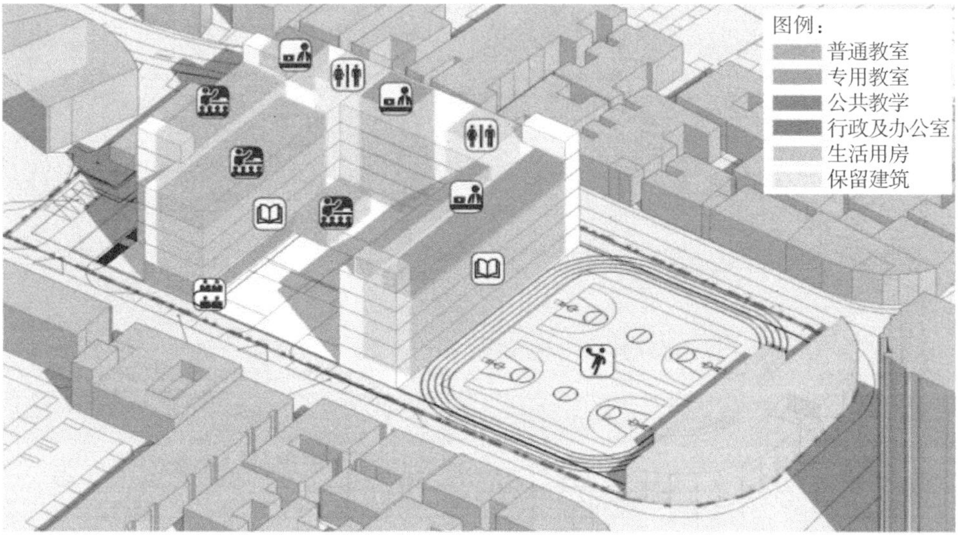

图 2-05-5　功能分区示意图

3) 使用面积分析

表 2-05-1 为新建小学内各建筑单元的面积指标。建筑用房均为按照小学建设相关标准要求和教学活动实际需要进行设计，满足新建小学的使用要求。

表 2-05-1　各建筑单元的面积指标

小学各类用房使用面积统计				
项目编号	项目	单间面积(m^2)	数量(间)	小计(m^2)
一	教学及教学辅助			4 924
1	教室		31	1 984
1.1	普通教室	64	30	1 920
1.2	选修教室	64	1	64
2	专用教室		14	1 355
2.1	自然教室	85	2	170
2.2	自然教室辅房	42	2	84
2.3	音乐教室	85	2	170
2.4	音乐教室辅房	27	1	27
2.5	形体教室	85	2	170
2.6	形体教室辅房	27	1	27

续　表

小学各类用房使用面积统计				
项目编号	项目	单间面积(m^2)	数量(间)	小计(m^2)
2.7	美术教室	85	1	85
2.8	美术教室辅房	27	1	27
2.9	书法教室	85	1	85
2.10	多媒体语言教室	85	1	85
2.11	计算机教室	85	3	255
2.12	劳动技术教室	85	2	170
3	公共教学用房		8	1 585
3.1	多功能教室	190	1	190
3.2	多功能教室辅房	23	1	23
3.3	合班教室	85	1	85
3.4	图书阅览室	391	1	391
3.5	科技活动室	72	1	72
3.6	心理咨询室	28	1	28
3.7	网络控制室	28	1	28
3.8	体制测试室	28	1	28
3.9	体育活动室	700	1	700
3.10	体育活动室辅房	40	1	40
二	行政及办公			836
1	教师办公室	30	12	360
2	行政办公室	14	13	182
3	广播社团办公室	14	3	42
4	会议接待	50	1	50
5	德育展览室	50	1	50
6	卫生保健室	14	2	28
7	总务仓库	70	1	70
8	维修管理室	24	1	24
9	传达室	30	1	30

续 表

小学各类用房使用面积统计				
项目编号	项目	单间面积(m^2)	数量(间)	小计(m^2)
三	生活用房			1 226.9
1	教师餐厅	54.4	1	54.4
2	学生餐厅	405	1	405
3	厨房	350	1	350
4	开水房	24	1	24
5	配电间	24	1	24
6	厕所	369.5	1	369.5
四	使用面积合计			6 986.9

注:不包含交通、设备、停车库。

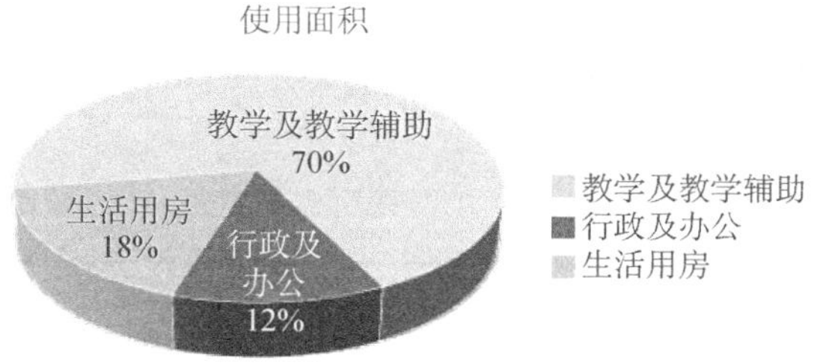

4）活动空间分析

图 2-05-6 为活动空间分析示意图。活动空间总共可以分为四个区域,包括地面活动空间、屋顶活动空间、运动场活动空间和地下活动空间。地面活动空间指教学楼前面的空旷场地,可以作为地面活动空间。建筑二层延伸出来的区域,设计为二层活动空间,该层区域增加了建筑的空间利用效率,在纵向向上的空间内开拓出了学生活动区域。运动场活动空间指基地南边设置的室外活动场地。地下活动空间为利用操场地下 2 层设计出的体育活动用房。四块活动区域的设置极大地丰富了日常教学及娱乐活动,满足小学校园的使用要求。

5）地下空间分析

图 2-05-7 为地下空间分析示意图。新建小学在规划设计中,合理开发和利用地下空间,地下建筑为 3 层。其中,地下一层为非机动车停车库、拓展教学空间和体育活动用房;地下二层为学校餐厅食堂、厨房以及体育活动用房;地下三层为设备用房和机动车库。地下空间的开发,保证了在基地面积有限的情况下

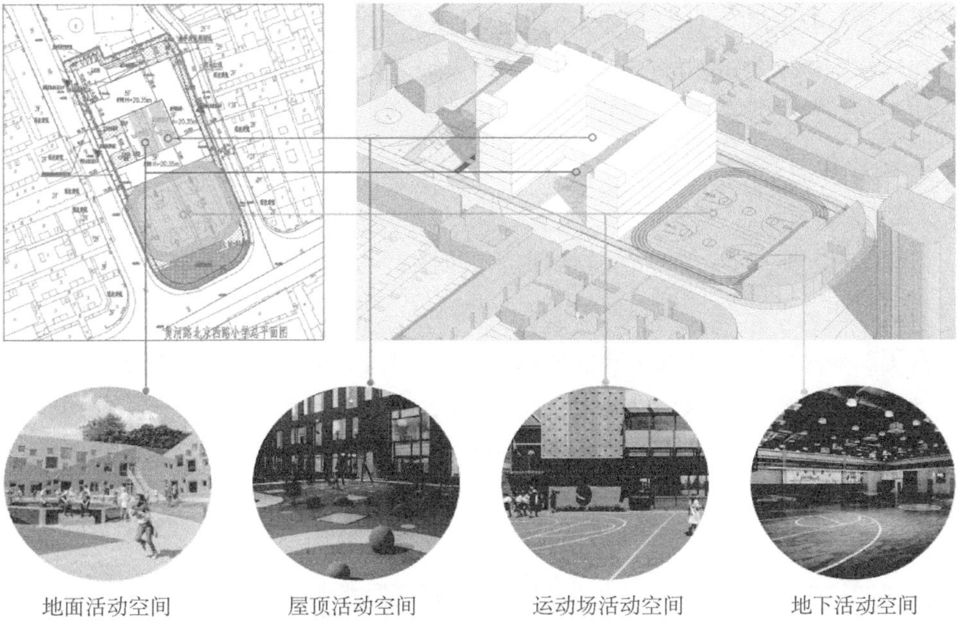

图 2-05-6　活动空间分析示意图

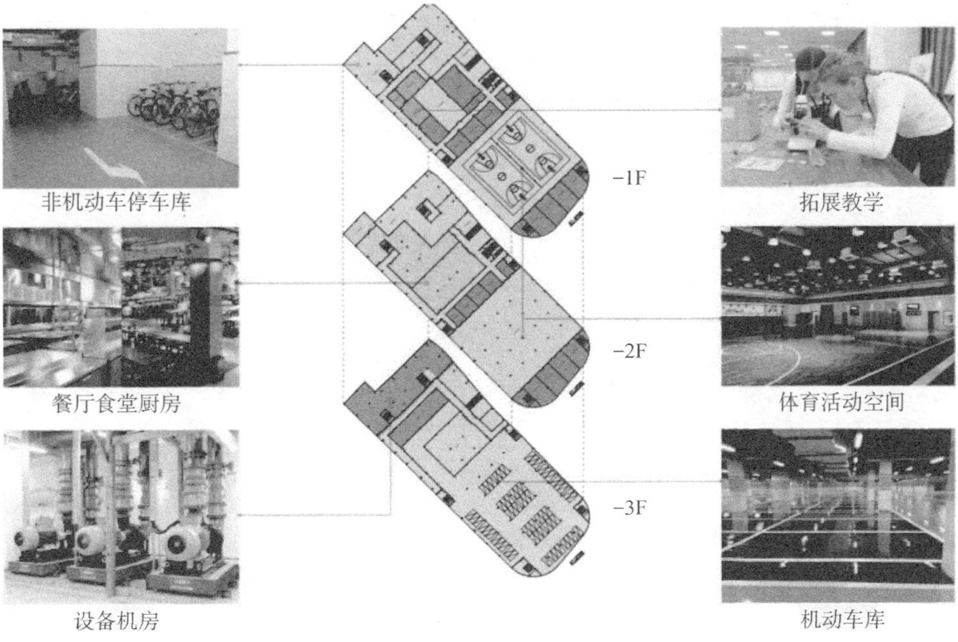

图 2-05-7　地下空间分析示意图

解决校园建筑空间需求的问题，实现对城市土地资源的充分利用。这一举措符合现代化的城市发展战略，有助于城市由平面外向扩展向立体发展，实现土地多重使用。

4. 建筑意向

1）整体形态

图 2-05-8 为新建小学的整体形态效果图，各教学空间的功能分区合理地布置了教育用房的空间分布，最大限度地利用了土地资源。4 块活动区域的设置丰富了新建小学的日常教学及娱乐活动。地下空间的利用保证了在基地面积有限的情况下解决校园建筑空间需求的问题，实现对城市土地资源的充分利用。屋顶城市绿地的开发，最大可能地保护了城市绿地。建筑外立面设计与周围环境统一协调，避免了对周围环境风貌产生影响。

图 2-05-8 整体形态效果图

2）建筑风格意向

建筑风格指建筑设计中在内容和外貌方面所反映的特征，主要在于建筑的平面布局、形态构成、艺术处理和手法运用等方面所显示的独创和完美的意境。建筑风格因受时代的政治、社会、经济、建筑材料和建筑技术等的制约以及建筑设计思想、观点和艺术素养等的影响而有所不同。如，外国建筑史中古希腊、古罗马有多立克、爱奥尼克和科林斯等代表性建筑柱式风格，中古时代有哥特建筑的建筑风格，文艺复兴后期有运用矫揉奇异手法的巴洛克和纤巧烦琐的洛可可等建筑风格。我国古代宫殿建筑，其平面严谨对称，主次分明，砖墙木梁架结构，飞檐、斗栱、藻井和雕梁画栋等形成了中国特有的建筑风格。

图 2-05-9 为该案例中新建小学的建筑风格意向。项目用地周边风貌以石库门风格的老上海建筑为主，通过提取元素，确立新建学校整体风格以石库门风格为主线，加入现代设计元素，与周边历史建筑等风格意向融为一体。

图 2-05-9 建筑风格意向

3）建筑设计意向

建筑设计意向是一种结合人们生活经验、生活规律，融入建筑当中，让其设计出的作品赋予一种真实意义上的情感。建筑设计艺术构想，源于一种人本身对于建筑的情感倾注，逐渐深入了解，通过在细节处的设计来真正体现设计者内心深处的真实情感。真正体会到建筑艺术本身带给我们的，不单单是简单意义上的美感的表现，更是一种思维上想象力与现实主义的碰撞融合。让人们通过感知了解整个建筑设计的内在，从而达到设计者与人们心灵互通的程度。

图 2-05-10 为该案例中新建小学的建筑设计意向。其中，设计的屋顶休息空间，将局部屋顶平台作为学生户外运动拓展空间，这在集约用地的情况下起到非常大的作用。外立面装饰采用材料装饰，石料做墙体的装饰材料与红砖相互匹配。教学主楼延续老上海的石库门风格，设计为庄严典雅的拱形大门。同时，提取红色与绿色为操场的主色调。集约用地下非标场地的运用，解决了学生对运动的基本需求。

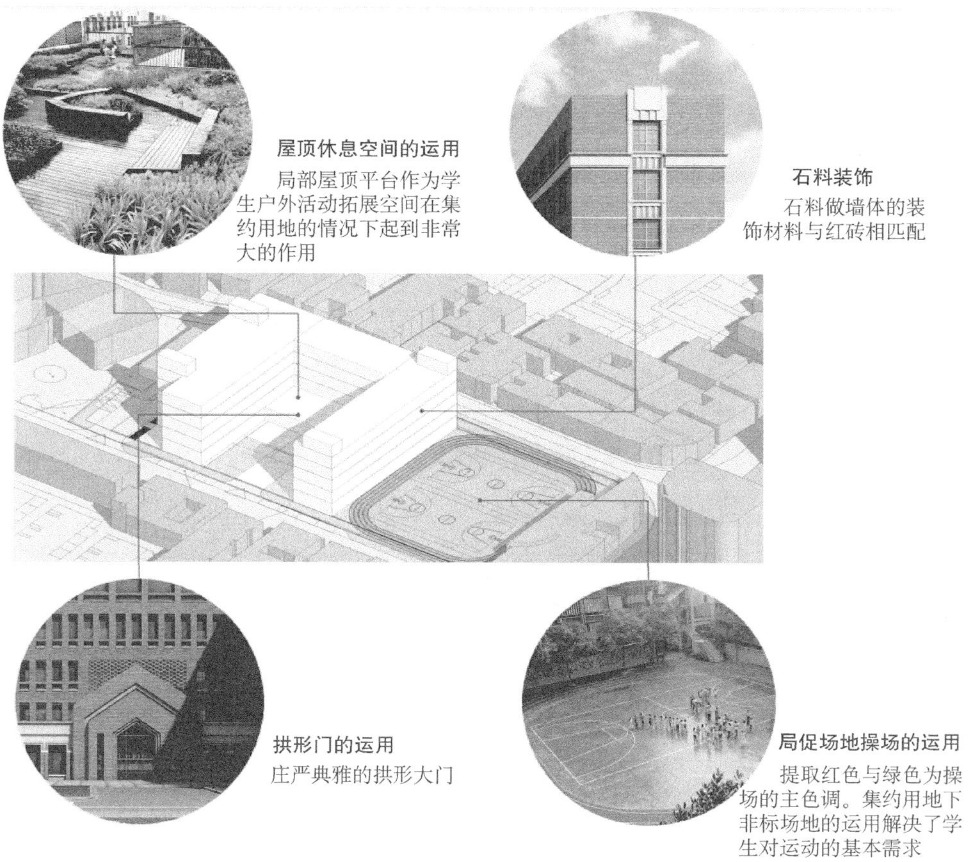

图 2-05-10　建筑设计意向

5. 项目总结

在基地面积有限的情况下通过合理地开发地下空间，将地下建筑设计为3层。其中，地下一层为非机动车停车库、拓展教学空间和体育活动用房。地下二层为学校餐厅食堂、厨房以及体育活动用房。地下三层为设备用房和机动车库。地下空间的开发保证了在基地面积有限的情况下解决校园建筑空间需求的问题，实现对城市土地资源的充分利用，这一举措符合现代化的城市发展战略，有助于城市由平面外向扩展向立体发展，实现土地多重使用。同时，地上建筑的设计满足了校园建设需要满足的防火、日照、通风等要求，合理的校园布局极大地丰富了日常教学及娱乐活动，满足了校园的使用要求。同时，建筑意向设计融入了老上海建筑的石库门风格，同时采用了与现代建筑立面相呼应的白色铝板材质，促进城市发展过程中的自我更新。

06 本篇小结

本篇基于5个案例(包括思南路37号启秀实验中学东楼洋房平移与修缮项目、瑞金一路151号向明中学内地铁站本体上部地下空间建设项目、南京东路幼儿园分园修缮工程、桑园街新建幼儿园、裘锦秋地块新建小学),从不同的角度对各案例的优化过程进行分析(包括项目概况、价值评估、功能诉求、主要问题分析、社会稳定风险分析、项目总结)。提升和优化了原有建筑的功能应用,满足高密度老城区的生活需求和现代化城市的发展需求,对于城市的发展更新至关重要。

第三篇　历史保护建筑的改造与应用

历史建筑见证了城市几十年、几百年甚至上千年的沧桑变化，在一定程度上，是某个城市“历史记忆的符号”和“城市文化发展的链条”，是历史文化发展的载体。通过历史建筑，可读取丰富的文化内涵，而其一旦遭到破坏，文化内涵就再难以恢复和接续。一座古代的建筑无论如何破旧，其内在的文化内涵与千年的历史痕迹是无法被替代的。反之，一座当代的仿古建筑无论在外形上做得多么神似，但如果其内在的历史遗迹几乎为零，其文化内涵肯定无法达到与古迹相同的高度。记录历史，展示文化，载托灵魂，就是古建筑的真正意义和价值。将古建筑的历史因素进行完整的传承与表达，便是今天古建筑保护的真正意义。因此，我们再去欣赏古建筑时不应只关注其外在的美学特征，更应透过古建筑的砖墙看到其内在的文化魅力。

古建筑是启发爱国热情和民族自信心的实物，中国有着光辉灿烂的文化，而中国的古建筑艺术更是东方艺术的奇葩。它不但完全独立于西方建筑体系，更影响着周边国家的建筑特色，形成了东方古典建筑体系。观赏中国古代建筑，不仅可以感悟到其独特的魅力，更是让国人感受到中国古代文化的伟大，为我们曾创造出如此精湛的建筑精品而自豪。河南登封市的嵩岳寺塔，是一座用青砖和黄泥垒砌的高 40 m 的佛塔，经历了地动山摇和狂风暴雨等的考验，安然无恙地历经将近 15 个世纪，这本身就是一个了不起的奇迹。位于首都北京城的故宫，建筑设计极为精湛，金碧辉煌的琉璃屋顶、莹白无瑕的玉石雕栏、殷红肃穆的宫墙殿柱蔚为壮观，使人感慨不已、浮想联翩。上海外滩的东西方建筑融合以及城区内部的地区特色，同样为上海地区烙上了深刻的符号。

古建筑是研究历史的实物例证。古代建筑和其他物质文化遗存一样，是社会不同发展阶段遗留下来的实物，我们从对古建筑的研究中可以看出同一时期其他科学的发展情况和当时所达到的水平。例如，河北赵县的赵州桥，距今已有

1 400年历史，是世界上现存最早、保存最完好的巨大石拱桥。赵州桥是一座弧形单孔石拱桥，单孔跨度为37.4 m，在桥两端采用敞肩拱的形式各辟两个券洞。这种设计，既减轻了流水对桥身的冲击力，使桥不容易被大水冲毁，又减轻了桥身的重量，节省了石料，在世界土木工程桥梁史上是一个创举。如果当时没有数学、工程力学和物理学的相当发展，这桥是难以建成的。对于建筑史的研究来说，古建筑更是直接的实物例证，上海城区的小马路、窄巷、密集建筑群都是当时人民生活的深刻反映，是在当时的历史条件下产生的，所反映的是当时的社会生产、生活方式及科学技术水平、工艺技巧、艺术风格和风俗习惯等。因此，保存上海城区的历史、传承上海城区发展的意义，古建筑是最好的例证。

古建筑是发展旅游业的重要物质基础。随着生产的发展，物质生活水平不断的提高，人民对文化的需求将更为迫切。古建筑在新的时期又担当起文化休闲娱乐场所这样一个新的历史使命。如果一个旅游目的地拥有独特的古建筑，那么该古建筑会在目的地形象中扮演一个非常重要的角色。古建筑资源本身拥有的巨大品牌效应，可提高远距离游客的到访率。长三角作为中国经济发展的核心地带，上海扮演着重要的角色，这些独具特色的历史建筑吸引着越来越多的国内外友人纷纷前来参观游览，为促进城市旅游事业的发展而创造了良好的条件。与此同时，也带动了城市公路交通和服务行业等相关部门的迅速发展。由此可见，这些古建筑不仅是人们休闲、娱乐的场所，更是发展旅游事业的重要物质基础。

历史建筑可作为新建筑设计和新艺术创作的重要借鉴，较早时期，上海地区的古建筑群在艺术和技术上都达到了很高的水平，在世界建筑史上有着极其丰富而辉煌的成就，在建筑布局、材料、施工、艺术装饰和传统风格等方面，是几千年来无数工匠们在长期建筑实践中积累下来的经验。这些古代技术成就，对现有的有关专业人员，起着极大的启迪和示范作用。因而，在后续的城市规划中应当制订措施，保存和保护有历史价值的地区、建筑群和建筑物(包括遗迹)。保护城市历史建筑，对继承和发扬优秀文化传统，对研究国家和民族政治、社会、经济、思想、文化、艺术及工程技术等方面的发展历史，均有重要意义。

高密度老城区的历史建筑保护往往与历史建筑的升级改造紧密关联。一方面，建筑的外立面形式需要在修缮加固的基础上做到“修旧如旧”，尽量减少对建筑风貌的影响；另一方面，建筑内部空间需要升级改造以满足当代社会的承载或功能需求。

01 打得一手创意牌

——以虎丘路 95 号文物保护点改造项目为例

教育事业的发展对学校的空间和功能需求提出了更高的要求。现有的历史建筑或多或少出现了部分损坏，需要进行修缮；而教学需求的提高，需要对建筑结构内部空间与功能进行优化，使其与现代化的教育教学方式相匹配。这对于处于老城区的历史风貌建筑来说，成为一个挑战。一方面，需要考虑到建筑风貌的保留，另一方面，需要进行建筑结构和内部空间的大范围改动。由于受教学方式、功能需求、建筑加固与修缮及建筑保留的多重因素影响，使历史风貌区建筑的升级改造项目具有较大的难度。以虎丘路 95 号文物保护点改造项目为例，通过采用“外墙整体保留，内部结构托换”的施工工艺方式，对既有建筑进行整体性“热水瓶换胆式”改造。同时，在空间设计中采用“多元化的建筑绿线”“功能为主的区域分配”和“灵活多变的空间组合”提高建筑空间的利用率，以满足创新教育的大空间、多格局、灵活多变的建筑功能布局需要。

1. 项目概况

1）建筑背景

永兴大楼为砖木混合结构，建筑面积 2 502 m^2，位于黄浦区虎丘路 95 号。图 3-01-1 为校舍平面位置示意图，建筑东侧面朝虎丘路，北侧是宽度仅为 5.4 m 左右的巷弄；西侧距离相邻建筑 1.2 m；南侧为腾凤居住小区，建筑距离腾凤小区内建筑的最近距离为 1.4 m。

永兴大楼前身为永兴洋行大楼，为黄浦区文物保护点，建于 1908 年。永兴大楼于 1941 年进行过大修，后又加建一层。永兴洋行于 1960 年 1 月宣告结束业务，并将全部产业转让给政府，此后，永兴大楼长期作为黄浦区教师进修学校，为历史建筑保护点。

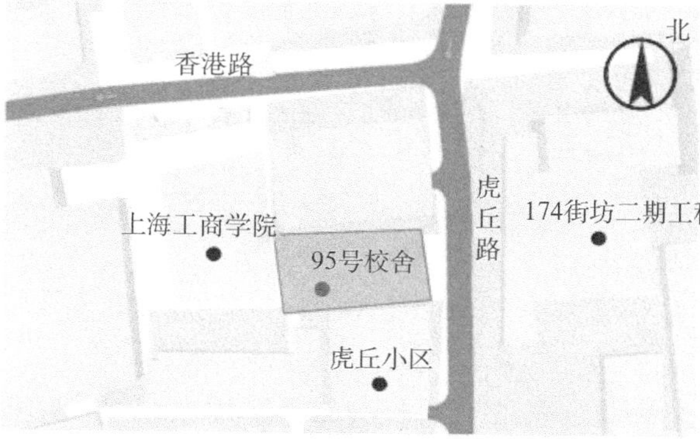

图 3-01-1　虎丘路校舍平面位置示意图

2）价值评估

项目价值评估(图 3-01-2)主要包括三个方面:①历史价值,②科学价值,③艺术价值。

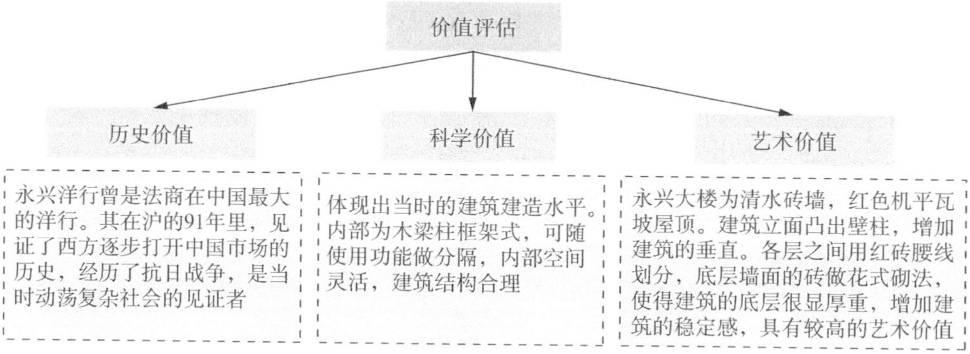

图 3-01-2　永兴洋行价值评估

(1) 历史价值

早期在沪的法商洋行数量不多,19 世纪六七十年代后,数量有所增加,永兴洋行是其中比较有名的。1939 年法国对德宣战,原由德商德孚洋行经销的法国染料改由永兴经销,至此,永兴洋行成为法商在中国最大的洋行。永兴洋行创建时黄浦区为租界,其在沪的 91 年里,见证了西方逐步打开中国市场的历史,经历了中国的抗日战争,永兴洋行是当时动荡复杂社会的见证者,具有很高的历史价值。“外滩源”位于黄浦江和苏州河的交汇处,东起黄浦江、西至四川中路、北抵苏州河、南面滇池路,永兴大楼便在此范围内。永兴大楼周围有原英国领事馆(外滩源 33 号)、洛克·外滩源等著名的历史建筑，由此可见其地理位置的重要性。

（2）科学价值

永兴大楼在结构和工艺等方面体现出当时的建筑建造水平。建筑结构合理，建造工艺也值得作为典范。初建成时全为红砖建造，其外廊式的建筑样式是中国早期“殖民地式”建筑风格的体现。永兴大楼内部为木梁柱框架式，可随使用功能做分隔，内部空间可灵活布置。永兴大楼在社会、历史、人文等方面亦具有重要的参考价值。

（3）艺术价值

永兴大楼立面为清水砖墙，屋顶为红色机平瓦坡屋顶。建筑立面凸出壁柱，增强了建筑的垂直感。建筑各层之间用红砖腰线划分，底层墙面的砖做花式砌法，使得建筑的底层很显厚重，增强了建筑的稳定感，而上部各层在其衬托之下更显淡雅细腻。建筑的门窗洞口有方额和发券两种，配以线脚、门窗楣等，很是精美。永兴大楼整体比例协调，立面处理细致而不繁琐，具有较高的艺术价值。

3）项目规划与定位

（1）项目规划

为同济大学与黄浦区共建的以推动区域创新创意人才培养为目的的创意中学。学校基地位于上海黄浦区，周边享有丰富的历史文化资源，创意中学将改变课程的形式，充分利用周边资源，结合社区，并向黄浦区学校辐射共享优秀的创新教育资源。创意中学推行“书院式”理念办学，采取走班制和导师制相结合的教学模式，并设置多元化的课程类型，充分挖掘和培养学生的创新能力。该项目也是黄浦区高中生开放创新平台，先期启动，共享创意中学部分资源，面向黄浦区所有高中学生，提供创新社会实践、创新成果展示、创业合作、校企交流及国际交流等对外服务。

（2）项目定位

通过国际合作办学、上海共建实现制度创新，建成一个面向全球知识网络时代，特色鲜明的国际化、创新型、前瞻型和研究型的世界一流设计学院；成为上海经济转型升级的创新引擎，服务上海科创中心建设和四新经济；以“面向产业转型和未来生活的智能可持续设计”为学科重点发展方向；在国内最具创新和国际学术声誉，在国际上代表中国设计教育和研究的最高水平。

2. 功能诉求

项目功能诉求(图 3-01-3)主要包括三个方面:①保护与改造同行,②优化内部空间,③减少对周边扰动。

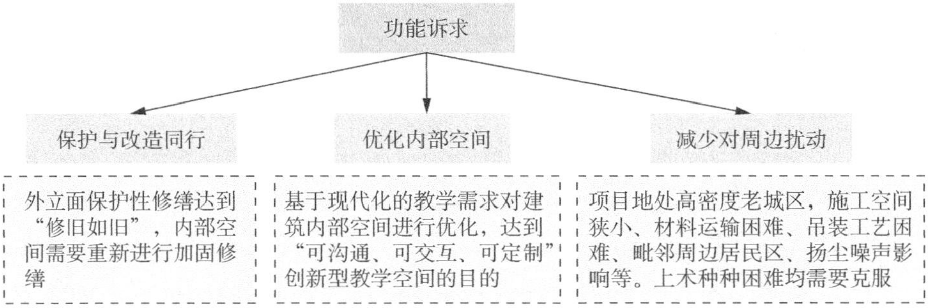

图 3-01-3　项目功能诉求

1) 文物保护与建筑改造需同步进行

不改变外立面形式,外立面保护性修缮达到"修旧如旧",内部空间需要重新进行加固修缮,满足安全性和舒适性的要求。在此基础之上扩充建筑的功能需求。

2) 需要优化原先的建筑空间

基于创新、发展的理念对建筑空间进行重新优化,体现出现代教育中"创新、开放、共享、互动"的新型教学模式,达到"可沟通、可交互、可定制"创新型教学空间的要求。

3) 施工不得影响周边居民的正常生活

高密度老城区的施工环境受限,西侧距离相邻建筑 1.2 m,南侧与腾风小区的最近距离为 1.4 m,高密度老城区施工空间狭小、材料运输困难、吊装工艺困难、毗邻周边居民区、扬尘噪声影响及周边历史保护建筑的沉降影响等种种困难。

3. 空间优化

建筑内部空间按照现代教育观念进行设计,突出公共空间的利用,为激发学生创新提供合理的空间布局。基于创新、开放、共享、互动的新型教学模式,建筑空间布局上设计了一条可持续发展的绿线,围绕绿线设计自由、个性、灵活变化的多样化空间。

1）多元化的建筑绿线

采用多种可持续技术。比如载有太阳能板的屋顶能提供部分室内照明用电；收集屋顶雨水可二次利用，浇灌植物；配置“都市农业”，并与室内外环境形成一个生态循环系统等。所有此类装置在保证其使用功能的前提下，也是创新类课程教学的开源创新平台。学生不但可以直观地学习理解其工作原理，也可以组成团队与相关领域团队进行专项研究，完成深度开发。所有的节能技术、绿色项目、可持续课程形成一条绿线贯穿于建筑之中（图 3-01-4）。绿线中空间的多元化将为学生营造充满灵感的创造空间，绿线中设备及解决方案的专业化将对“问题导向”的教学方法提供支持，把真实世界的前沿问题植入学生日常的学习生活中。

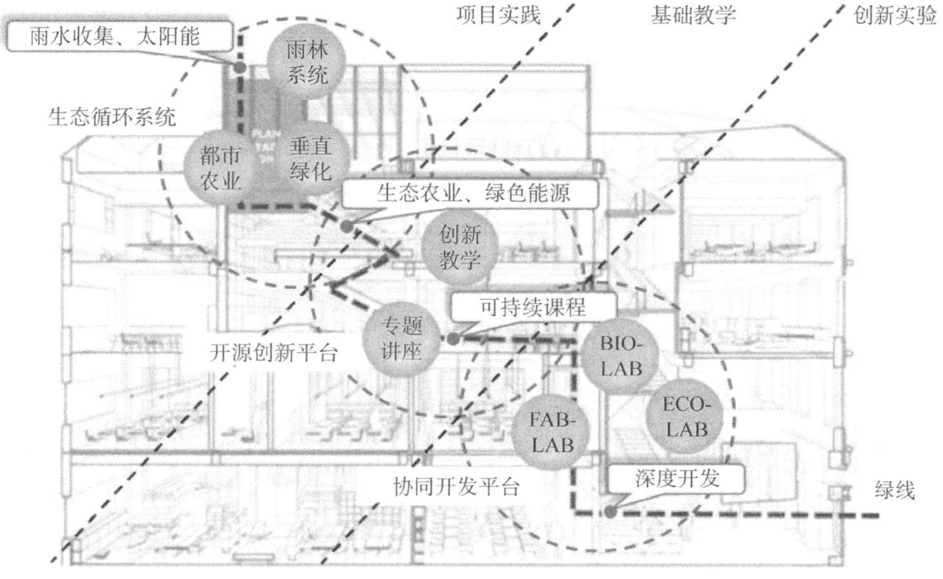

图 3-01-4　建筑绿线和建筑空间布局

2）功能为主的区域分配

围绕着绿线，布置各类教学空间。自由、个性、灵活变化，适应基于项目目标引导的适应学习（Project-Based Learning，PBL）的教学方式对于空间的多功能和多样性需求。所有空间设计以“学生为中心”，模糊功能分区、模糊空间分隔，戏剧性地综合了功能需求、趣味体验和创新交互，同时为教师、学生、创新业界的使用者提供了参与创造的机会。FABLAB(Fabrication Laboratory)，LIVINGLAB

(Living Laboratory),BIOLAB(Biology Laboratory)等国际创新实验室分布其中,不仅服务创新教学,同时也成为校园空间持续创新的引擎。

3) 灵活多变的空间组合

为了配合同济黄浦设计创意中学强调快乐、轻松和多功能的教学环境,特别设计了 9 种教室(图 3-01-5),并对拓展性进行了研究。拓展丰富的组合形式、灵活的功能布置,将有益于保障虎丘路 95 号建筑的空间使用效率。日后在同济黄浦设计创意中学的运营中,各教室可根据课程教学目标,对空间进行灵活调整,以取得教学的最佳效果。

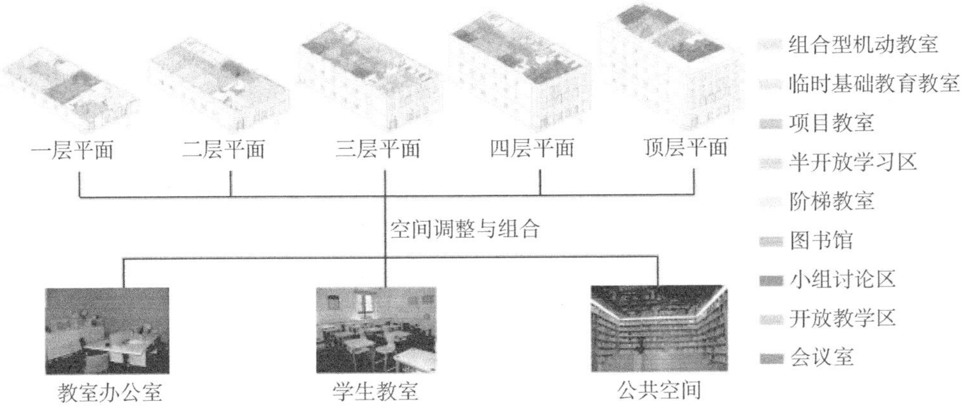

图 3-01-5　设计的 9 种教室分布示意图

4. 修缮方案与施工管理

该项目面对的是中心城区既有历史文保建筑,运用于教育用途改造的典范工程,采用"外墙整体保留,内部结构托换"的施工工艺方式,对既有建筑进行整体性"热水瓶换胆式"改造,以满足创新教育的大空间、多格局、灵活多变的建筑功能布局需要。

1) 修缮前的结构状况

构件的选择和布置不合理,存在薄弱点;房屋主要存在墙体和砖柱斜向开裂,墙面粉刷开裂,顶板和墙面渗水,木搁栅普遍存在渗水、发霉痕迹,木梁劈裂,混凝土楼板钢筋锈蚀、裸露等现象。其中二层个别墙体和砖柱开裂和个别木梁劈裂损坏已构成危险点;房屋综合抗震能力不满足抗震要求;房屋一～三层部分墙体抗震承载力不满足计算要求,四层墙体抗震承载力满足计算要求。房屋各层墙体受压承载力和高厚比均满足计算要求;房屋东南角点倾斜率较大,最大倾斜率为向东 15.1‰,超过规范限值。

2）结构修缮方案

图 3-01-6 为采用“外墙整体保留，内部结构托换”的方式，对既有建筑进行整体性“热水瓶换胆式”改造。为了整体提高房屋的抗震能力和稳定性，对房屋内部木柱、钢柱、木楼板、木屋面等构件拆除，保留房屋外墙。针对构成危险点的个别墙体和砖柱，先进行压力灌浆，然后采用外包配筋砂浆面层的方法进行加固处理。针对砖墙结构性裂缝，采用压力灌浆进行封闭处理。内部重新布置钢结构承重体系，其新增基础应与现有房屋基础脱开。墙体外侧增设圈梁构造柱，提高房屋整体性。结构特点及难点是:新老基础的相对关系、内部钢结构体系的设计、外墙加固措施和外墙与新结构的连接。

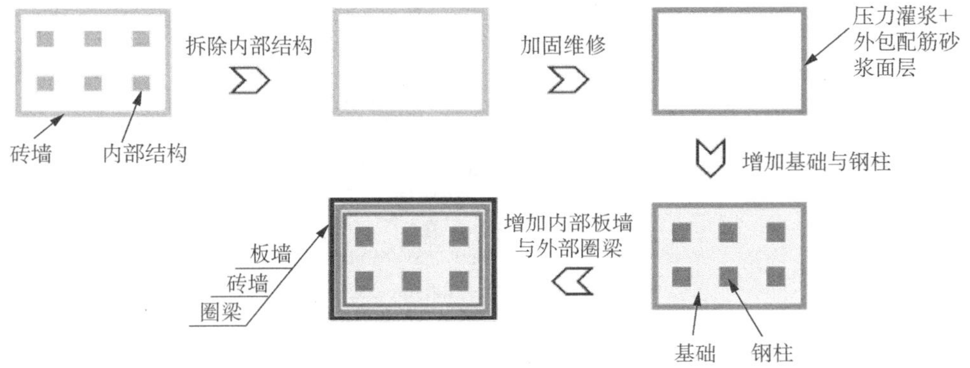

图 3-01-6　结构加固示意方案

(1) 新老基础的相对关系。如图 3-01-7 所示，内部基础工程桩采用锚杆静压钢管空心方桩 250 mm×250 mm，桩长 22 m，以灰色粉质黏土为桩端持力层，总桩数 166 根，单桩估算抗压承载力特征值(设计值)为 245kN，新老基础采用分离的方式。

(2) 内部钢结构体系设计。内部钢结构体系为支撑在内部新作条形基础之上，与保留的外墙有适当和可靠的连接。钢结构整体稳定性通过在适当的位置设置斜撑满足规范要求。

(3) 外墙加固措施。内部功能升级改造过程中，外墙在水平向约束和受力上发生了改变。内部楼板拆除后，外墙失去了水平向约束，在没有采取措施前，不考虑水平向临时支撑，外墙的计算长度由原先的层间高度增加到建筑物高度；

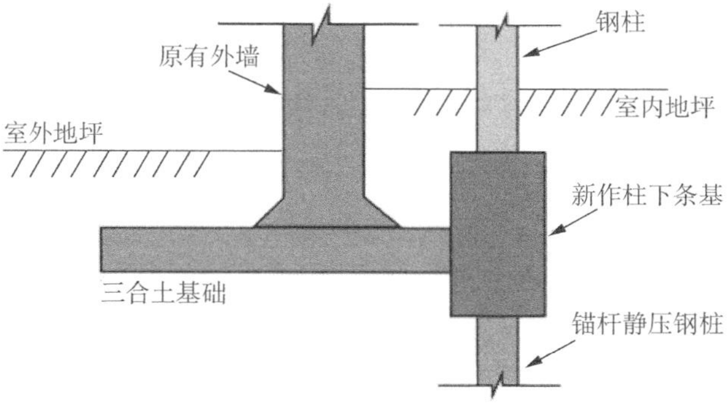

(a) 新基础与外墙基础的相对关系

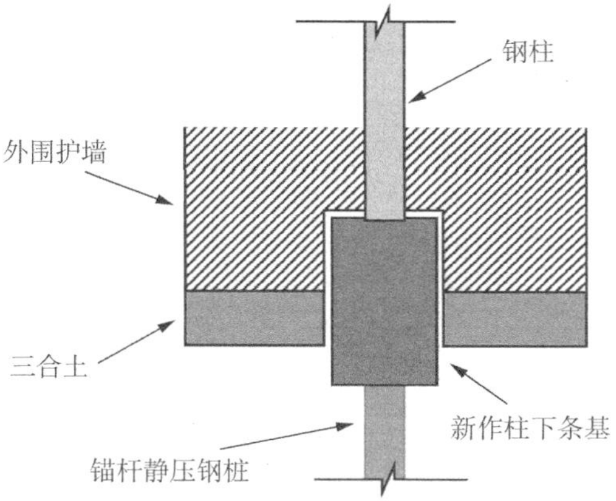

(b) 新基础穿墙时与老基础的相对关系

图 3-01-7　新老基础相对关系示意图

外墙由承重构件转变为非承重墙体。

出于外墙稳定性考虑，在拆除过程中，增加了临时水平支撑；同时，原有外墙外部增加圈梁，且内侧增加一层钢筋混凝土板墙，以提高外墙的刚度和整体稳定性；此外，通过销键将外墙圈梁与加固板墙连接在一起，形成一个受力整体，如图 3-01-8 所示。

(4) 外墙与新结构连接。内部钢结构完成之后，原则上不向原外墙传递竖向荷载，但原外墙仍然作为校舍的外围结构，外墙与钢结构之间需要可靠连接。内部钢结构建成之后，通过板墙内预埋锚板将板墙与钢结构稳固地连接在一起，如图 3-01-8 所示。

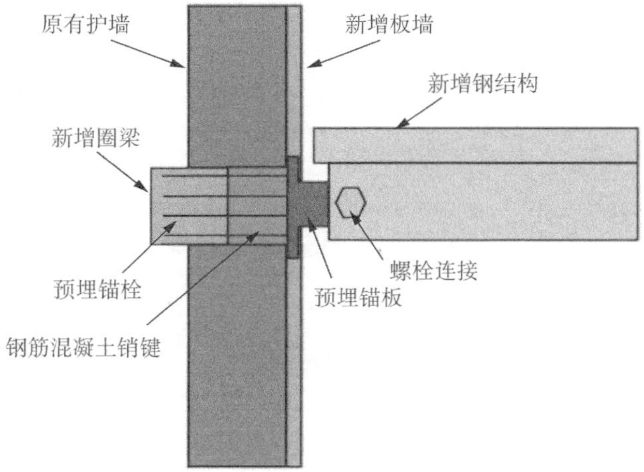

(a) 二维立面图

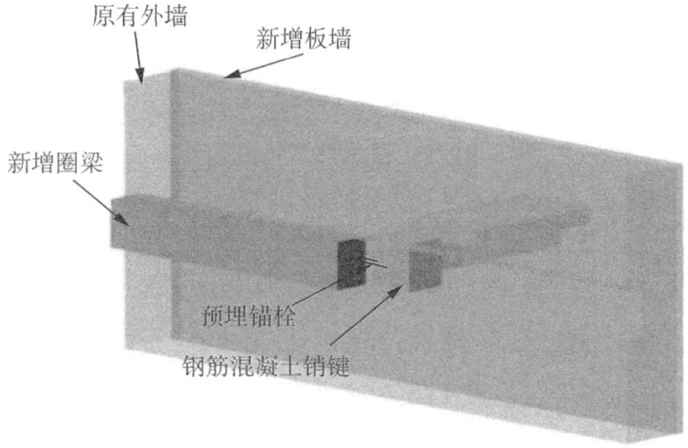

(b) 三维效果图

图 3-01-8 外墙加固及与钢结构连接示意图

3）施工组织和管理

施工特点和难点（图 3-01-9）：①拆除工程的安排，②垃圾和材料堆放与外运，③应对恶劣天气和重大活动时的工期安排，④内部桩基础施工，⑤老建筑改造过程中的消防设计与实施。

（1）拆除工序。拆除工序不当，必然破坏校舍的整体性，大大降低稳定性，造成原有墙体开裂和细纹。本工程在拆除过程中，采用了合理的拆除秩序。先拆除里面原老朽的楼板；然后做了钢结构内撑钢架后分段拆除木梁木柱和部分承重砖墙、原木桁架屋顶；之后整体加固外墙维持稳定性，然后新做内钢架。

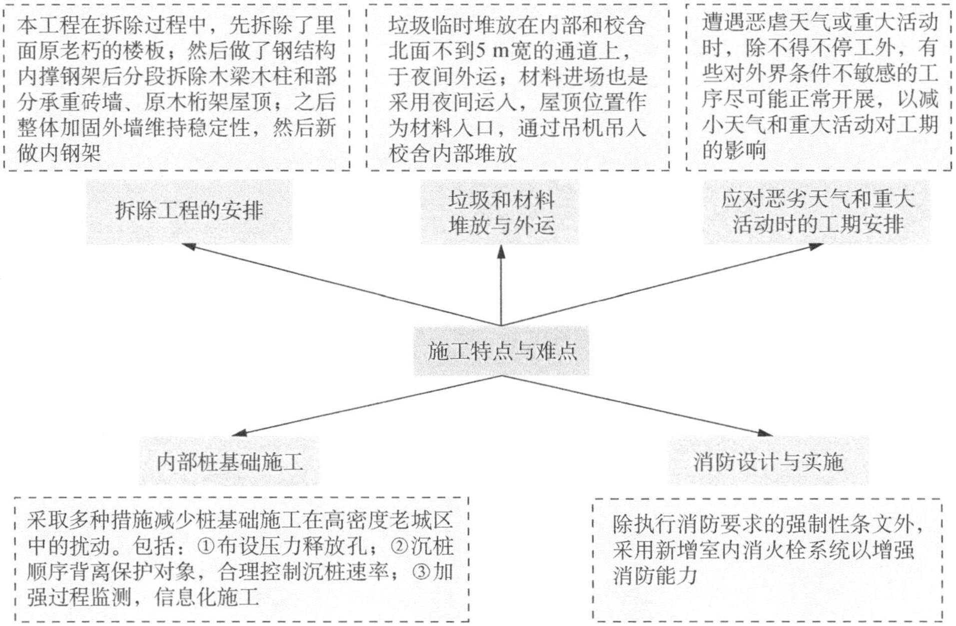

图 3-01-9 项目施工特点与难点

(2) 材料进场和垃圾外运。校舍东侧为虎丘路，其他三面紧邻公共和住宅建筑，场地十分狭小，在如此高密度老城区将内部拆除的垃圾运出去和内部新建结构所需材料放进去无疑是个挑战。在垃圾堆放和运输上，采用了垃圾临时堆放在内部和校舍北面不到 5 m 宽的通道上，夜间在不影响市民正常生活的条件下外运；材料进场也是采用夜间运入，现场拆除校舍屋顶，屋顶位置作为材料入口，通过吊机吊入校舍内部堆放。选择合适的时间运输和创新材料堆放方式，解决了材料进场和垃圾外运的棘手问题。

(3) 应对恶劣天气和重大活动时的工期安排。在施工期间，多次遇到台风、大雨等恶劣气候条件，还有进博会期间的交通管制，这些都会影响施工进度。除不得不停工外，有些对外界条件不敏感的工序尽可能正常开展，以减小天气和重大活动对工期的影响。

(4) 内部桩基础施工。预制桩成桩时由于挤土效应，周边道路、建筑物均在桩基施工影响范围内，为减弱桩基施工时施工成桩引起的震动、挤土和超孔隙水压对周围环境的影响，采取了以下防护措施：①在邻近道路、建筑物一侧布设压力释放孔；②沉桩顺序背离保护对象，合理控制沉桩速率；③沉桩过程中对周围环境进行监测,信息化施工确保了周围建筑物及管线的安全,实测最大变形不超过 9 mm,小于预测值和允许值。

(5) 老建筑改造过程中的消防设施的实施。高密度老城区的房子很难完全满足校方要求,校舍在改造过程中,除执行消防要求的强制性条文外,采用新增室内消火栓系统以增强消防能力。该系统采用临时高压消防给水形式,从市政环状给水管网接入 2 根引水管,室外给水管道利用市政管道共同构成室外环网,在两路进水之间的市政管道上加设阀门。此外,在消防水泵房设消火栓 2 台(一用一备)、消火栓稳压泵 2 台(一用一备),按要求设置气压水罐,室外设水泵接合器 1 个。

5. 项目效果与总结

项目建成的外立面如图 3-01-10 所示,项目修缮后的外立面情况与周围建筑风格相统一,基本做到了修旧如旧。建成的项目内部如图 3-01-11 所示,修缮后的项目在满足空间需求和功能需求的基础之上,与现代化的教学方式和科技发展相结合,统一而不失个性,稳重而不显庸俗,是历史建筑与现代发展相结合的产物。

图 3-01-10 外立面建成效果

图 3-01-11　内部建成效果

保护城市历史建筑，对继承和发扬优秀文化传统，研究国家和民族政治、社会、经济、思想、文化、艺术及工程技术等方面的发展历史，具有重要的意义。

虎丘路 95 号优秀历史建筑采用“热水瓶换胆”的结构措施实现校舍功能升级改造，没有改变历史建筑外立面的结构形式，极大提高了建筑结构的稳定性。同时，根据创新性人才的培养要求，设计出集教学、实践、众创为一体的一条绿线。围绕绿线布设自由、个性、灵活变化的空间，适应以项目为导向的多功能和多样性需求空间，达到“可沟通、可交互、可定制”创新型教学空间的要求。在保护性修缮的前提下，极大地扩充了建筑的功能效用。

创意中学将改变课程的形式，推行“书院式”理念办学，采取走班制和导师制相结合的教学模式，并设置多元化的课程类型，充分挖掘和培养学生的创新能力，并向附近辐射共享优秀的创新教育资源，提供创新社会实践、创新成果展示、创业合作、校企交流及国际交流等对外服务，极大带动区域性创新能力的发展。

02 上一道风貌街坊与新建校舍融合的创意菜

——以黄浦区 105 号地块李惠利中学扩大教育用地项目为例

根据学校容纳需求和城市统一规划的需求，黄浦区崇德路 43 号比乐中学与李惠利中学将进行统一建设规划，在原校区的基础之上进行升级改造为七年制完中，满足黄浦区淮海中路街道范围内居民子女的教学需求。但新建设用地上为风貌保留建筑，且处于待建用地的中心区域，校区的升级改造不可避免地将对该风貌保留建筑造成影响。如何在保留历史风貌建筑的基础之上，进行校区的改建以及功能升级，使其满足上海市建设工程规范《普通中小学校建设标准》(DG/TJ 08—12—2004)中的要求。

1. 项目概况

1) 项目区位

李惠利中学地块现占地面积约为 7 553 m^2，现有校舍建筑面积约为 12 241 m^2，是黄浦区内一所以艺术特色教育和体育为主的初级中学。图 3-02-1 是项目基地示

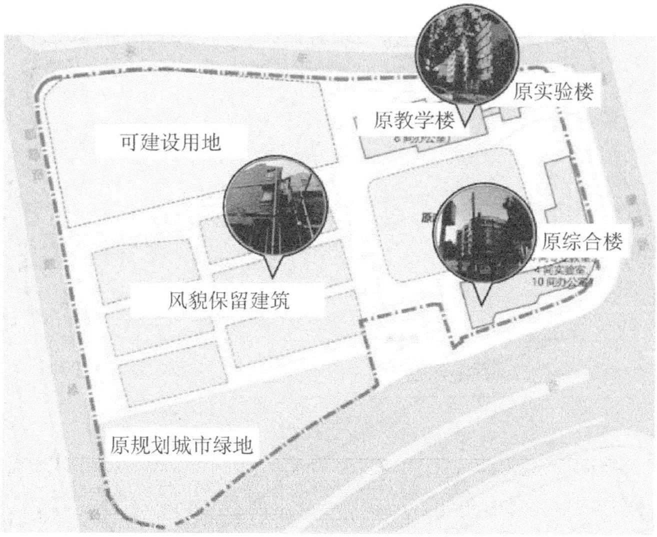

图 3-02-1 项目区位示意图

意图，北边是永年路，西边是顺昌路，南边是徐家汇路，东边是肇周路，周边属于传统的上海老社区，拥有着上海最传统的生活方式。

2）建筑现状

徐家汇主干道在基地一侧的立面过于老旧，与其对面形成鲜明的对比，影响了城市街道的完整性和美观性。基地内交通系统混乱，人流复杂。对原本已十分拥挤的永年路和顺昌路造成了更大的压力。简化基地功能，是解决交通问题的很好途径。

基地内建筑功能多且复杂、人流混乱、卫生环境差，不能形成完整的居住系统，与周边居住区脱节。基地内复杂的环境对紧邻的李惠利中学造成一定的不稳定因素，同时对周边道路造成一定程度的压力。将此区域划分为完整的教育用地，不仅可以减少原基地对于周边环境的压力，同时保持了徐家汇路街道的完整性和美观性。现存李惠利中学的操场和学生活动场地严重不足的问题，可在新建校区内解决，并在新校区内充分考虑地下空间的利用。

2. 功能诉求

项目功能诉求（图 3-02-2）主要包括四个方面：①减少对风貌保留建筑的影响，②统一调协外立面特色，③满足各项相关指标需求，④完善基础设施建设。

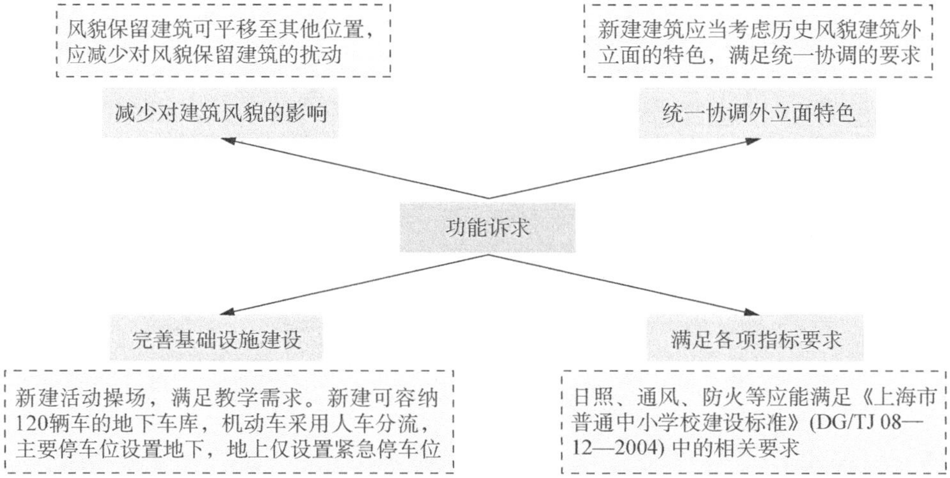

图 3-02-2　项目功能诉求

（1）减少对风貌保留建筑的影响。风貌保留建筑可平移至其他位置，应减少对风貌保留建筑的扰动。

(2) 新建建筑应当考虑历史风貌建筑外立面的特色,满足统一协调的要求。

(3) 完善学校的基础设施建设。为满足学校日常体育教学需求,扩建地块内需设置一室外活动操场,操场内活动场地满足 7 人制足球场地运动标准,具备沙坑、单双杠区等体育教育活动开展区域。另外,学校应具备自行车停车位 120 个(包含学生自行车停放)。地下车库具备机动车停车位 120 个,考虑校舍安全,机动车采用人车分流,主要停车位设置地下,地上仅设置紧急停车位。

(4) 日照、通风、防火等应能满足上海市《普通中小学校建设标准》(DG/TJ 08—12—2004)中的相关要求。

3. 方案设计

1) 保护策略设计路线

(1) 采用对既有里弄肌理较强的建筑进行保留处理;

(2) 保留肌理与学校需求的 200 m 操场存在冲突;

(3) 整体平移保留的历史建筑,保留周边街区尺度与空间;

(4) 对建筑外立面进行复原,完整保留沿街部分,内部小范围拆除与修缮,同时在基地西北侧新建教学楼。如图 3-02-3 所示。

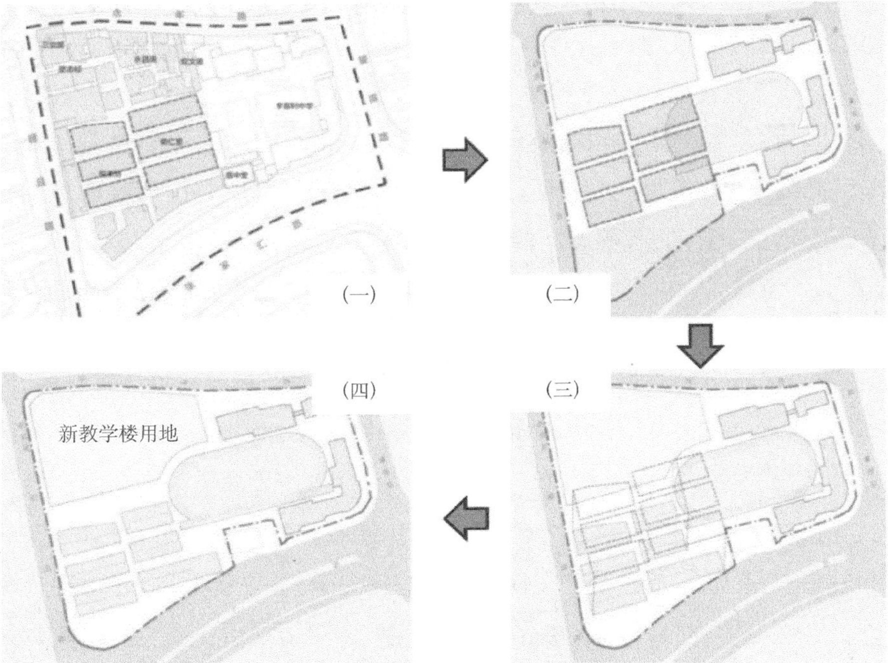

图 3-02-3　保护策略设计路线

2）总体布局

总体布局主要是以总平面图的方式表示整个建筑基地，具体表达新建房屋的位置、朝向以及周围环境（原有建筑、交通道路、绿化和地形等）基本情况的图样。总图中的外侧轮廓表示用地红线，所有新建拟建房屋不得超出此红线并满足消防、日照等规范。总图中的建筑密度、容积率、绿地率、建筑占地、停车位和道路布置等应满足设计规范和当地规划局提供的设计要点。该案例中的建筑总体布局如下所述。

(1) 基于上述建筑规划方案，根据建筑红线退距、建筑间距、教学楼日照规定等因素确定新建教学楼的可建设范围。

(2) 在场地的可建设用地范围内，将教学用房最大化。通过错栋建筑体块来保证教室的自然采光，沿校园轴线布置公共活动空间。

(3) 完善教学体量，负一层和一层植入室内篮球场和体育活动室。同时激活风貌保护建筑空间，加入家长开放空间、图书馆、游泳馆等布局，使整个校园功能更加丰富完善。

(4) 进一步深化建筑形态，所有建筑体块通过“桥”链接，既串联了所有的功能，又过渡了不同时期的建筑风格，同时“桥”也承载了丰富的活动，为学生提供有趣的公共活动空间，如图 3-02-4 所示。

3）历史风貌建筑的改造策略

随着使用年限的增加和城市化进程的推进，相对老旧的历史建筑的处置逐渐成为城市发展的难题。一方面，建筑材料的老化和用户的违规改造严重影响着房屋的使用安全，急需妥善地修缮与维护；另一方面，很多老旧厂房和基础设施逐渐关停空置，占用了大量宝贵的城市空间。如何合理处置这些老旧建筑，给城市发展规划带来了巨大的挑战。进入 21 世纪以来，上海市政府越来越重视城市建设中对历史风貌的保护，探究历史建筑的修缮开发和再利用，“留改拆”并举的思路逐渐成熟。但是历经多年的使用，历史建筑/老旧建筑的情况往往比较复杂，给修缮和再开发工作带来很多挑战。例如，很多历史建筑的使用功能被多次改变，房屋存在相当程度的改造状况，一些房屋还存有搭建现象，很多房屋的建筑材料严重老化等。下文结合上海市“上生新所”城市更新项目，介绍项目建设中历史建筑/老旧建筑的修缮改造经验，探究城市更新项目中新老建筑改造和城市历史风貌的保护。

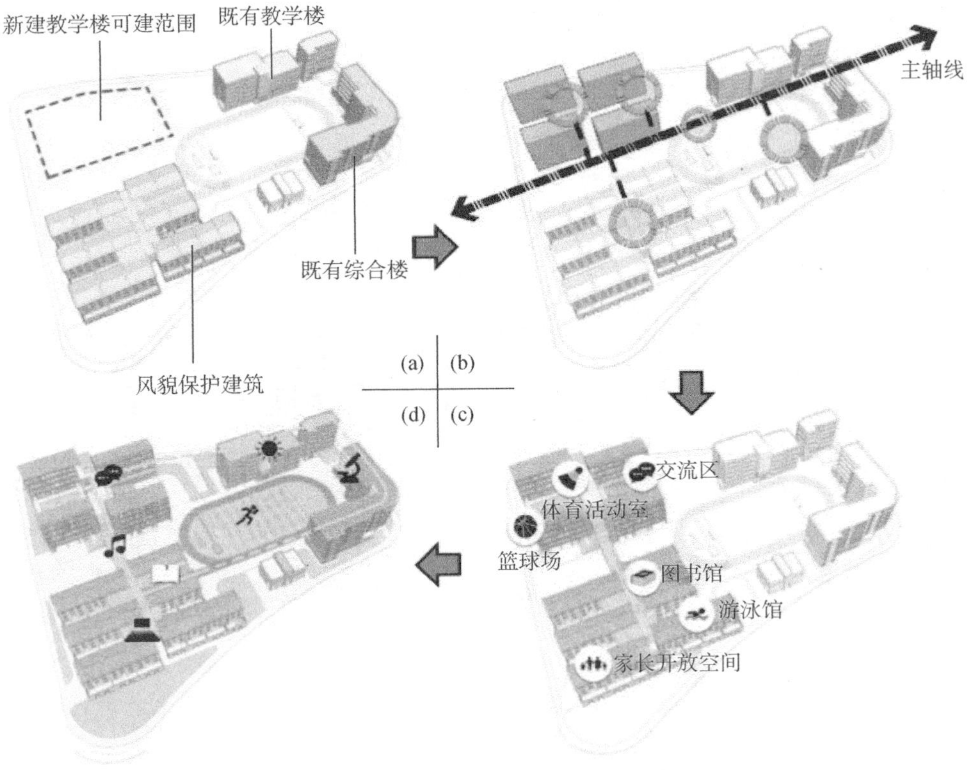

图 3-02-4　总体布局示意图

在黄浦区 105 号地块李惠利中学扩大教育用地项目中，历史风貌建筑平移至基地西南角后，徐家汇路沿街外立面应按照原风格进行复原，同时为了满足日后使用的需要，置入符合学校使用功能的创新教学空间，如图 3-02-5 所示。校区改造建设完成之后，历史风貌建筑将作为图书馆、游泳馆和家长开放空间使用，这不仅延续了历史风貌建筑的特色，也充分利用了该处空间。

(1) 文化纽带——串联历史与未来

上海“石库门”建筑来源：上海的旧弄堂一般为石库门建筑，它源于太平天国起义时期，当时的战乱迫使江浙一带的富商、地主、官绅纷纷举家拥入租界寻求庇护，外国的房产商乘机大量修建住宅。20 世纪二三十年代，围合仍是上海住宅的主要特征，但不再讲究雕刻，而是追求简约，多进改为单进，中西合璧的石库门住宅应运而生。这种建筑大量吸收了江南地区民居的式样，以石头作门框，以乌漆实心厚木作门扇，这种建筑因此得名“石库门”。

图 3-02-5　历史风貌建筑的改造策略

该案例项目中的建筑风格如图 3-02-6 所示，为通过不同时期的建筑体现不同时期的建筑风格。例如，20 世纪二三十年代形成的历史风貌建筑石库门所采

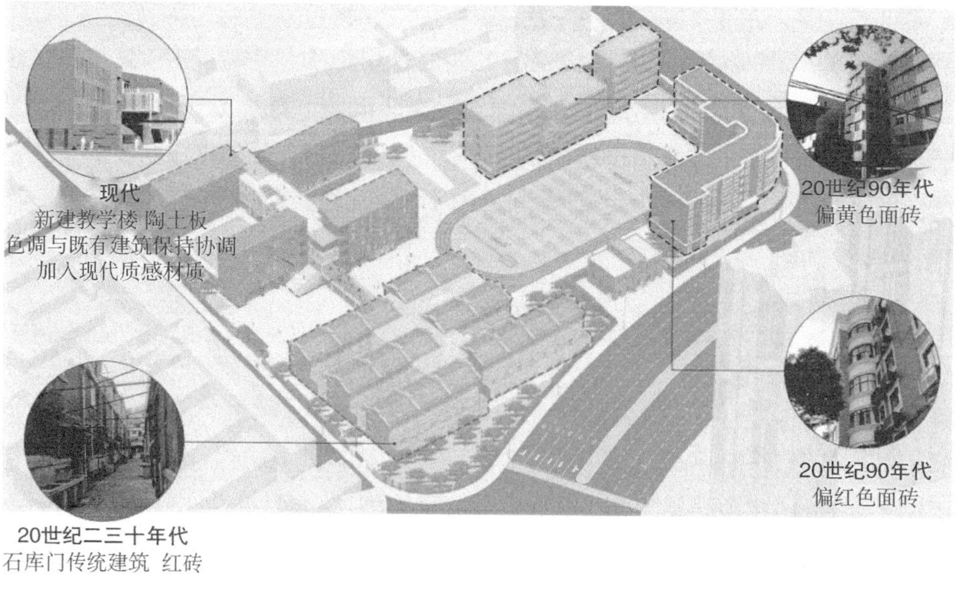

图 3-02-6　时代建筑呈现时代特色

用的传统建筑红砖。20 世纪 90 年代所建立的实验室使用的是偏黄色面砖。20 世纪 90 年代建立的原教学楼使用的是偏红色面砖。而新建教学楼为陶土板色调，与既有建筑保持协调并融入了现代质感的材质。

(2) 社群搭接——多变的连廊空间

连廊，原是中国古建的一种形式，即建筑和建筑之间的连接构筑物，上有顶，没有围护结构。连廊设置一方面出于建筑功能上的要求，它可以方便两塔楼之间的联系。同时，连体因具有良好的采光效果和广阔的视野而可以用作观光走廊或休闲咖啡厅等。

该案例项目中为多变的连廊空间，如图 3-02-7 所示，新建教学楼与风貌保护建筑之间的连廊将整个建筑连为一体，新老建筑整体呈现出风貌保护建筑的风格，越来越多的教学楼更具活力和个性化。学生课堂上的活动不一定局限于教室内，不同班级、年级的同学可以在这里交流学习，让学生的归属感扩展至班级外，风貌保护建筑融入了现代化因素由此得到了合理化的应用。

图 3-02-7　多变的连廊空间效果图

(3) 社群搭接——动静皆宜的图书馆

动静分区空间有较多优点，可以把活动区域和活动不频繁的区域进行有效划分，动静区的有效设置可以让图书馆的布局更加丰富、更加合理，方便图书馆对共享空间的利用。在相对静谧的图书馆中嵌入可以交流的区域，在保证整体环境安静的同时，不对原有对图书馆用途造成影响。

图 3-02-8 所示为该项目中风貌保护建筑改造后的动静皆宜的图书馆，在风貌保护建筑之间增加玻璃屋顶和联系平台，将原来相对独立的建筑空间开放，打造成拥有大空间的图书馆，以提供交流辩论、探索共创的空间。不同的学生可以在不同的楼层、不同的角度找到多层次、个性化的或动或静的空间。

图 3-02-8　动静皆宜的图书馆

(4) 社群搭接——家长开放空间

学校与家长有效的沟通可以更好地促进学生的发展，同时这将一改原先的学校是学校、家庭是家庭的观念。家长不再被限制在学校的围墙之外，学校为家长提供了一个了解学校发展、增强相互交流的空间。家长开放空间的搭建可以让家长以一种体验者的身份了解学校的发展与现状，对学生在学校的表现有了一个相对透明的空间，为校内外的发展提供了一个多元化的反馈渠道。

图 3-02-9 所示为该项目中基于风貌保护建筑改造的家长开放空间，利用沿街面的风貌保护建筑，结合城市绿地，营造环境优美的与家长互动的半开放校园空间，邀家长共同建设美好校园。

4) 新建教学楼的处理策略

基地东北角处的新建教学楼，除了满足教学需求外，还增设了体育活动区和

图 3-02-9 家长开放空间

交流区。同时，新建教学楼着重于保护历史风貌建筑的整体风格。因此，在建筑设计和材质选择上，也尽可能地与历史风貌建筑保持协调。比如，新建教学楼采用多层行列式平行布置的方式，呼应保留的里弄肌理特征，在尺度上融入校园。新教学楼立面材质为红色陶土板，在运用现代材质的同时，使其色调与周边建筑相近，如图 3-02-10 所示。

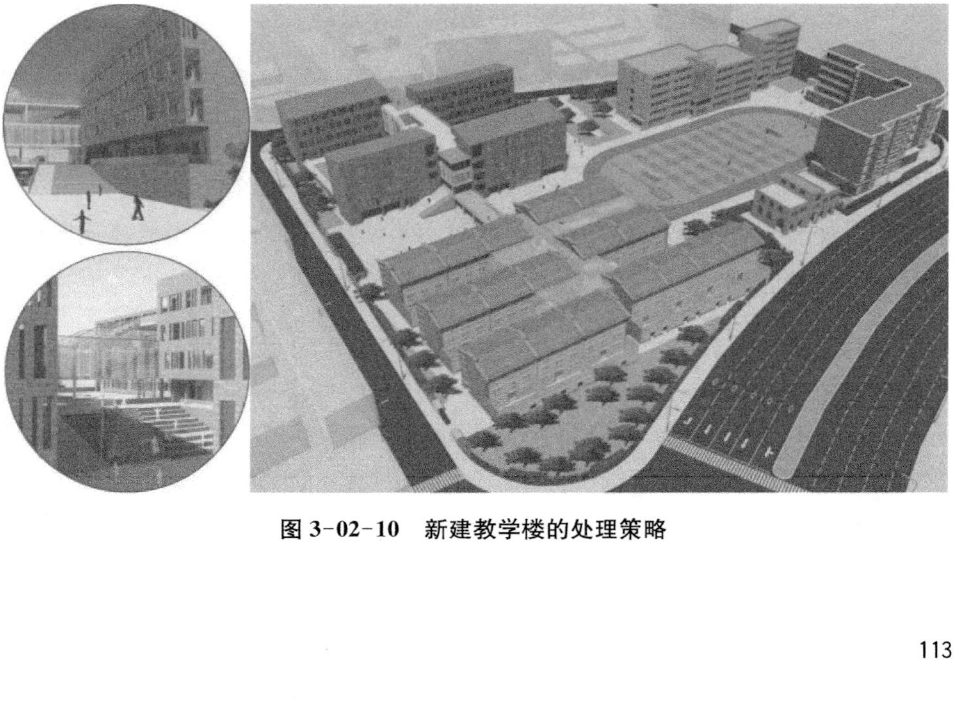

图 3-02-10 新建教学楼的处理策略

4. 建筑意向

图 3-02-11 所示为校园整体平面示意图。可以看到,校区的机动车出入口和非机动车出入口相互独立,校园主入口在校区西侧的顺昌路上。同时,新建教学楼与历史风貌建筑的风格相同。

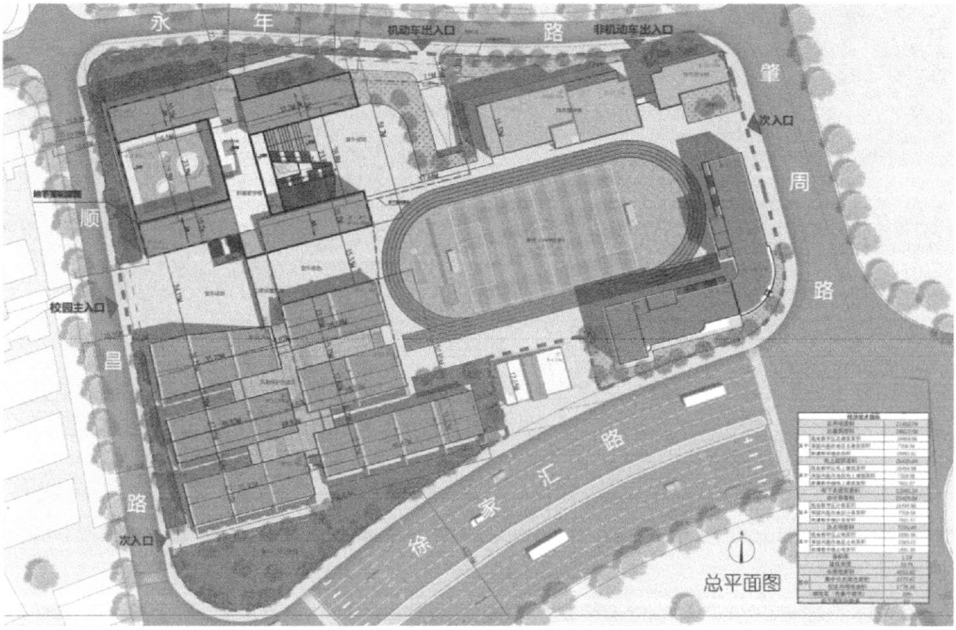

图 3-02-11　整体平面示意图

图 3-02-12 所示为建筑功能示意图,新建教学楼除了教育用房之外,修建的地下一层包括篮球场、乒乓球场、体育活动室等。历史风貌建筑综合改造为家长开放区、游泳馆。原来的综合教学综合楼用于教学教室以及行政办公等。同时,新建教学楼和历史风貌建筑采用相同的错开并列布置,使用相同的建造风格并通过连廊连接为一个整体,保持了历史风貌建筑的整体风格。

5. 项目总结

李惠利中学扩大教育用地项目完成后,学校基础设施的功用得到了极大提高。风貌保留建筑平移至基地西南角,在基地西北角新建了教学楼,可以满足日常的教学与活动需求,原风貌保留建筑区新建一室外活动操场,满足上海市普通中小学校建设的需要。同时,日照、通风、防火等能满足上海市《普通中小学校建设标准》(DG/TJ 08—12—2004)中的相关要求,学校升级改造为七年制完全中

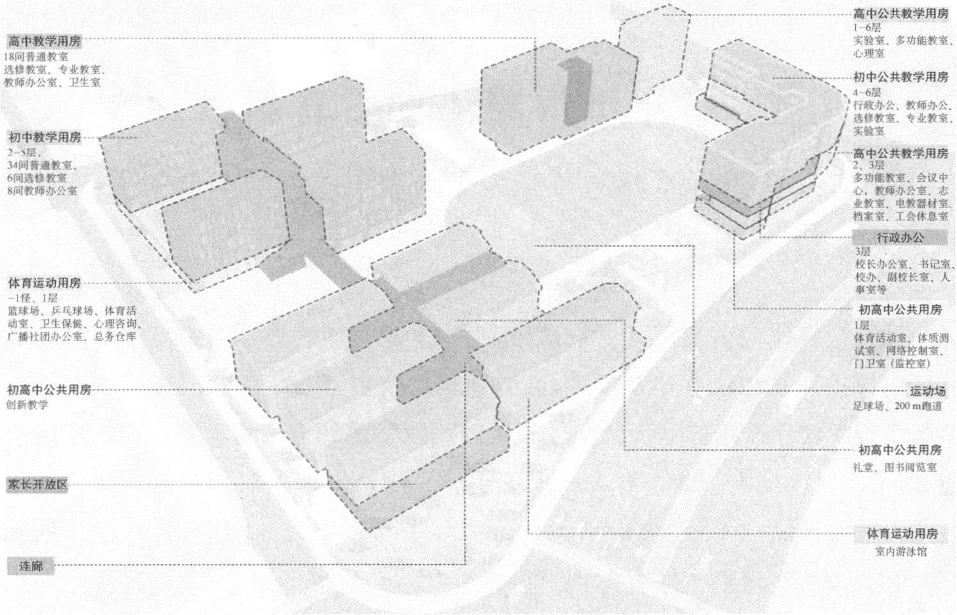

图 3-02-12　建筑功能示意图

学，可以满足黄浦区淮海中路街道范围内居民子女就学需求。

新建建筑采用错栋建筑体块，保证了教室自然采光，延续了风貌保留建筑的整体风格。同时，对风貌保留建筑内部进行改造，满足了图书馆、游泳馆和家长开放空间的需求。除此之外，新建教学楼为陶土板色调，加入了现代质感材质并与既有建筑保持协调。新建教学楼与风貌保护建筑之间的连廊将整个建筑连为一体，在保持风貌保护建筑风格的同时融入了现代化因素。基于风貌保护建筑改造的动静皆宜的图书馆，是在风貌保护建筑之间增加玻璃屋顶和联系平台，合理地、现代化地对风貌保护建筑进行了改造，进行保护式的应用。同时，利用街面风貌保护建筑改造的家长开放空间，可以为风貌保护建筑的保护与延续提供一个更加广泛的外部空间。

03 百年淮海路上的教育新天地

——以黄浦区 094-01 地块新建九年一贯制学校、高级中学项目为例

淮海社区作为黄浦区的中心地带，拥有上海老城区典型高密度的特征。周边历史保护建筑和保留建筑较多，区内建筑物密集，用地紧张，寻求一份可以直接各级教学楼建设指标的大块空地较为困难。随着教育规模和教育设施需求的提高，淮海社区现有的教学资源已经无法满足周边地区各年龄阶段学生的入学需求。淮海社区 094-01 地块作为政府下一步的教学规划用地，将建设包括小学、初中、高中在内的 1 所九年一贯制学校和 1 所高级中学。但是，规划用地内部存在较多的文物保护点，该案例将通过“完整保留两处，平移保留两处，构件保留三处”的方案设计，在对历史建筑进行保护的同时，完成相应的教学建设工作。

1. 项目概况

1）项目区位

图 3-03-1 为项目基地区位示意图，项目位于黄浦区中心的淮海社区 094-01 地块，基地东至顺昌路、南至合肥路、西至黄陂南路、北至复兴中路。项目建

图 3-03-1 项目基地区位示意图

设内容为在保留保护地块内相关文物保护点的基础上开发建设 1 所九年一贯制学校和 1 所高级中学，5 处文物保护点为中共上海区委早期党校旧址、又新印刷所旧址、天厨味精厂旧址、黄陂南路 575 号住宅和瑞华坊。

2）文物保护点价值评估

（1）又新印刷所旧址

图 3-03-2 所示为又新印刷所旧址。又新印刷所旧址位于上海市黄浦区复兴中路 221 弄(原辣斐德路成裕里)12 号。1920 年 2 月，上海《星期评论》周刊约请陈望道翻译《共产党宣言》，陈回到浙江义乌老家着手翻译，译稿完成后，1920 年6 月 6 日《星期评论》却被迫停刊。中共上海发起组决定以“社会主义研究社”的名义出版此书，故在辣斐德路成裕里租下一间房子，建立了一个小型印刷所——“又新印刷所”。是年 8 月印刷了《共产党宣言》(中文全译本第 1 版）和《马克思资本论入门》等书籍，很快售罄。《共产党宣言》的出版使马克思主义在中国迅速传播开来。2007 年 12 月 3 日，又新印刷所旧址由原卢湾区文化局公布为卢湾区第四批登记不可移动文物。

图 3-03-2　又新印刷所旧址

又新印刷所旧址为原法租界辣斐德路车成裕里 12 号石库门住宅，砖木结构两层，局部三层；坐北朝南，行列式布局；东西端各设有厢房，余均为一楼一底，前天井后晒台的形制。旧址建筑面积约 100 m^2，红瓦坡顶，外墙清水青砖间红砖水平带饰，底半层做水泥护壁；赭红漆木门窗，立砖门楣、窗梁，花岗岩条石门框，黑漆木门。

(2) 中共上海区委早期党校旧址

图 3-03-3 所示为中共上海区委早期党校旧址，1925 年 10 月，中共上海区委在此创设党校，对外称启迪中学，江浙区委宣传部主任尹宽任校长兼校党支部书记，周恩来、瞿秋白、彭述之、王若飞、罗亦农、赵世炎、郑超麟等曾来校授课或作报告。学员有四五十人。1927 年，上海工人第二次武装起义指挥部亦设于此。2007 年 12 与 3 日，中共上海区委早期党校旧址由原卢湾区文化局公布为卢湾区第四批登记不可移动文物。

图 3-03-3　中共上海区委早期党校旧址

中共上海区委早期党校旧址为原法租界辣斐德路冠华里 4 号石库门建筑，三层砖木结构，坐北朝南，一客堂一厢房、连带过街楼形制，建筑面积约 150 m^2。二层厢房南向有挑出小阳台，三层退为露台。外墙水刷石仿石饰面，下接水泥勒脚，门楣饰花卉卷叶浮雕，两旁立方壁柱有凹槽，花岗岩条石门框，黑漆木门。

3）项目规划

图 3-03-4 所示为项目基地规划，项目分为场地平整工程和新建工程两部分，分步实施。其中，场地平整工程包括：

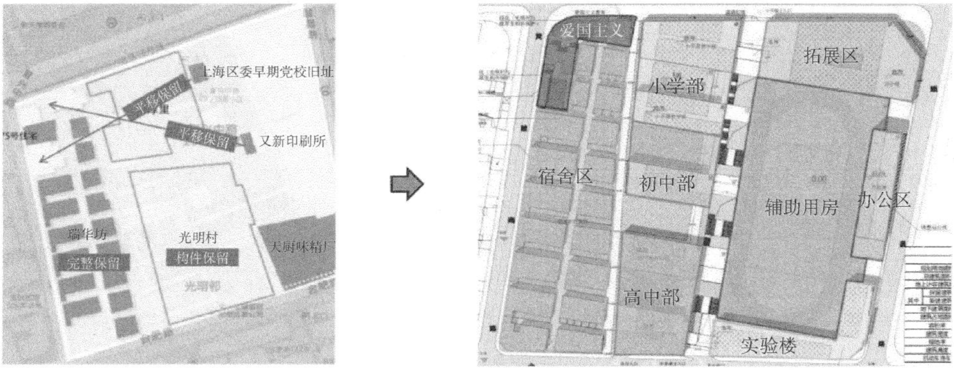

图 3-03-4　项目基地规划

(1) 将地块内的中共上海区委早期党校旧址和又新印刷所旧址平移至地块内西北部，与保留的黄陂南路 575 号民宅一起修缮，建设红色爱国主义教育基地；

(2) 实施红色爱国主义教育基地范围内的室外总体工程；

(3) 在红色爱国主义教育基地东侧预先设置工程地下连续墙的一部分继续利用；

(4) 完成整个 094-01 地块的三通一平和场地准备工作（三通一平和场地准备工作涉及用地范围不包括天厨味精厂旧址）。

新建工程包括：

(1) 拆除天厨味精厂旧址；

(2) 新建 1 所九年一贯制学校和 1 所高级中学；

(3) 修缮瑞华坊以用作学生宿舍。

项目用地面积约 29 929 m^2，总建筑面积为 115 822 m^2，其中地上建筑面积为 61 950 m^2。场地平整工程修缮总建筑面积为 776 m^2；新建工程建筑面积为 11 5046 m^2，包括新建建筑面积 104 093 m^2（地上 42 143 m^2、地下 61 950 m^2）和修缮面积 10 953 m^2（全部为地上）。

2. 功能诉求

项目的功能诉求（图 3-03-5）主要包括三个方面：①开发建设学校，②保留既有文物，③统一历史与现代风格。

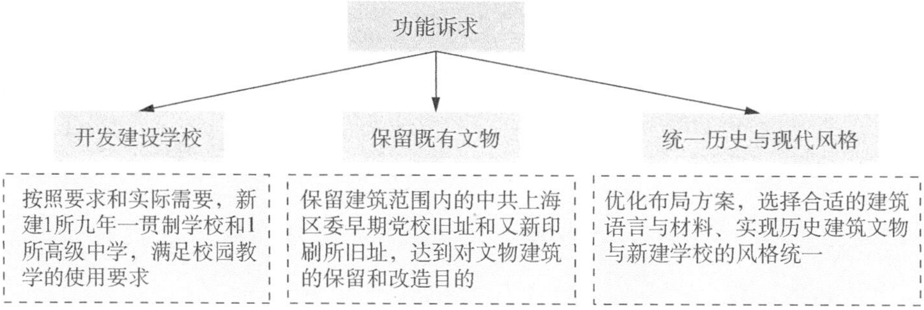

图 3-03-5　项目功能诉求

1）开发建设学校

按照学校建设相关标准要求和教学活动实际需要，新建 1 所九年一贯制学校和 1 所高级中学，并进行校舍空间布局规划和室内外环境的设计，以满足校园教学的使用要求。

2）保留既有文物

通过将地块内的中共上海区委早期党校旧址和又新印刷所旧址平移至地块内西北部，与保留的黄陂南路 575 号民宅一起修缮，并对瑞华坊修缮以用作学生宿舍，达到对文物建筑的保留和改造目的。

3）统一历史与现代风格

通过对文物的平移和修缮，并优化布局方案，选择合适的建筑语言与材料，实现历史建筑文物与新建学校的风格统一。

3. 方案设计与内容

1）项目设计原则

(1) 尊重历史文脉，强调底层高密度与空间肌理的融合，对中心高密度城区土地立体高效的空间利用；

（2）尊重历史风貌、衔接城市空间，善用文物建筑，关注整体保留。

2）项目设计思想

（1）总体布局

（a）对地块上七处文物建筑，考虑相关保护要求，完整保留两处，平移保留两处，构件保留三处。

（b）实现历史文物建筑所在红色爱国主义教育基地区域和学生宿舍所在的教学区域分离，如图 3-03-6 所示。

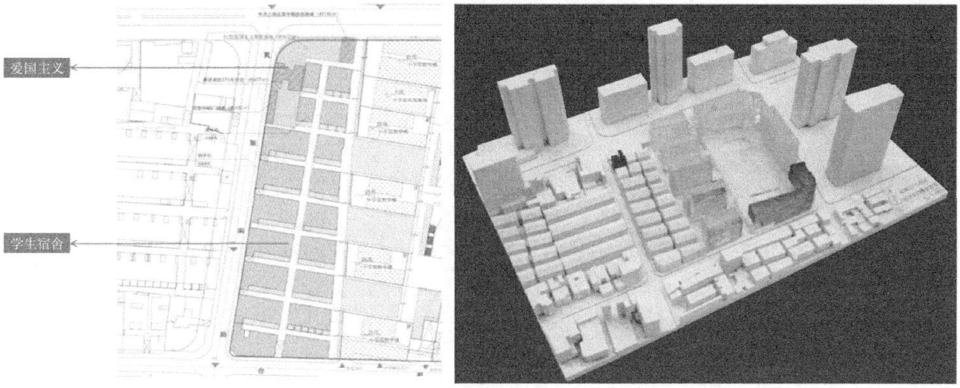

图 3-03-6　分区和建筑高度方案

（c）错栋建筑体块，将主要体量做成 C 形包围操场，科学设置东侧建筑高度，以保证宿舍和教学楼等空间的日照要求，如图 3-03-6 所示。

（2）动静分区

教学楼与宿舍之间的动静分区可以更好地凸显出其各自的优点。教学楼作为日常教学区域，提供了一个有效的师生交流平台；宿舍区作为休息安静的场所，应避免包括来自噪声等因素的干扰。动静分区的划分，可以有效地把活动区域和活动不频繁的区域分隔开，这样的设置在布局上显得更加丰富，使用上也更为合理。

黄浦区 094-01 地块新建九年一贯制学校、高级中学项目中，在考虑空间布局时，通过分离教学楼、宿舍等安静的区域与活动比较频繁的地方操场、实验楼等区域，实现动静分明，两者分离，减少彼此之间的干扰。同时，项目中动静分区的分割过渡自然，图 3-03-7 所示为动静分区示意图，动静分区的设置为教学、休息娱乐和休息都提供了一个很好的空间。

图 3-03-7　动静分区示意图

(3) 功能分析

按照功能主要将建筑分为爱国主义教育基地、宿舍区、小学部、初中部、高中部、拓展区、辅助用房、实验楼和办公区。新建教学楼、办公楼等主体校舍，并充分利用既有历史保护建筑结构，将其修缮改造成宿舍部，实现新旧统一，如图 3-03-4 所示。

(4) 交通分析

该项目中的交通分析主要是指流线分析。建筑流线其实不能笼统地概括。从小尺度人在建筑中活动(操作)的步骤，到大尺度人在建筑中走动的路径，或者非人的物品在建筑中运输的轨迹，都可以归纳在建筑流线的范畴内。这些事件具有两个共同点:活动性——流，过程性——线。活动性表示我们去探究的是一个有始有终有变化的事件，而非某个特定时间点所截取的固定状态，强调的是全面。过程性表现的是始与终之间经历过什么，而非初始和结束状态的简单对比，强调的是因果。黄浦区 094-01 地块新建九年一贯制学校、高级中学项目中的流线分析如下所述：

图 3-03-8 所示为项目规划过程中的流线分析，项目地块交通保证人车分流。其中，车行流线直接通过南部入口进入地下，人行流线主要分布于北边活动场地与中间的教育用房中。按照不同功能分区设置多个入口，并将整个学校的人行与车行流线与外部的市政道路分格开，采用独立的人车分流设计。

图 3-03-8　交通流线示意图

4. 设计意愿

1）空间立体化使用，提高地下空间利用

当今社会人类所面临的最主要问题，就是在和平的环境中求得生存与发展。但是，世界人口无节制的增加和生活需求无止境的增长与自然条件的日益恶化和自然资源的渐趋枯竭之间的矛盾越来越尖锐。这一矛盾反映在生存空间问题上，表现为日益增多的人口与地球陆地表面空间容纳能力不足的矛盾，在城市发展问题上则表现为扩大城市空间容量的需求与城市土地资源紧缺的矛盾，这种现象被称为生存空间危机。对于上海这样的大都市来说，高密度老城区地面建筑空间有限，如何在如此狭窄的空间中进行建筑功能的开发具有挑战性。同时，上海与其他大城市相比，历史建筑周边所拥有的可建设空间更为有限。上海并不是一座新城，其巷道是在原先的狭窄马路上更新的，因而其承载能力和建设范围受到较大的制约。面对这种情况，地下空间的开发与利用是城市更新发展中不可避免的途径。地下空间的开发具有其独有的特征，对于环境的影响较小，以往建筑中的噪声源，例如动力室、停车场等，均可以置于地下，减少了对周边环境对影响。同时，地下空间对发展也较轻程度地受到环境气候的影响，利于地下运动场、地下人行通道等的建设项目，基本不受风雨霜雪天气对其影响，成为城市发展过程中的一个特征。地下空间的开发将原先的城市发展拓宽了一个维度，原先基于地面地上的建筑，现在可以逐步向地下牵引。地铁、地下综合商场的发展为地上建筑与交通分担了很大一部分压力，同时地下空间的发展可以为现代化教学提供格外的创作空间，原先横向的建筑流线，演变为现代化的竖向加横向交通流线，为现代化的教育方式拓宽了渠道。

在该工程案例中，利用先进生态理念提升地下空间品质，利用宿舍区的底层架空，用优雅的结构体系强化地面层的空间层次和公共性，如图 3-03-9 所示。

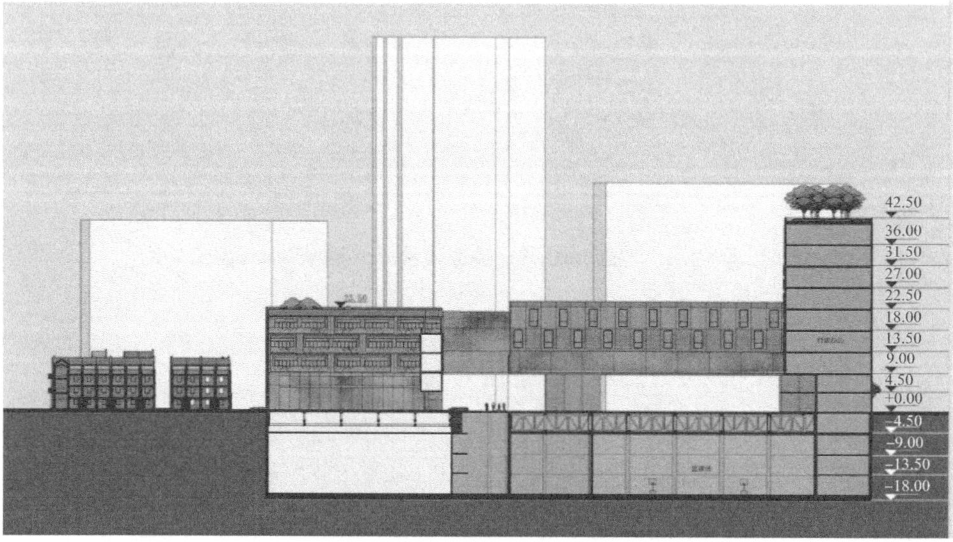

图 3-03-9　空间立体结构示意图

2）强化空间品质，强化空间公共性

公共空间，狭义是指那些供城市居民日常生活和社会生活公共使用的室外及室内空间。室外部分包括街道、广场、居住区户外场地、公园和体育场地等，室内部分包括政府机关、学校、图书馆、商业场所、办公空间、餐饮娱乐场所及酒店民宿等。广义是指公共空间不仅仅只是个地理的概念，更重要的是进入空间的人们，以及展现在空间之上的广泛参与、交流与互动。学校内部公共空间对学生的调动，可以极大地提高学生们的认知能力，无形中让学生参与协同合作和交流的过程。相互交流与协同空间为学生的发展提供了一个相互沟通的平台，通过这个平台可以培养学生的认知能力，增进相互了解。公共体育场所的设立可以促进学生走出教室，培养对业余活动的爱好。地下动力室的搭建避免了对室外环境的干扰，为室内教育以及室外活动均提供了一个较为和谐的环境。该案例中的地下空间发展要求如下：

增加内外公共交流空间，强调学生个体心理认知的先进教学空间设计理念。对大量拓展功能和辅助功能空间，利用地下室进行相关布局，同时利用局部空间抬高配合中部地下中庭，实现地下空间的高效和高品质通风采光，如图 3-03-10 所示。

图 3-03-10 地下空间结构示意图

3）回顾历史，体现文化的在地性

历史建筑具有极高的文化价值、科学价值和使用价值。城区的历史建筑占据了很大一部分空间，遗留下的历史建筑不同程度地反映着当时社会的发展与人文情况。石库门建筑风格是老上海发展与艺术的体现、壁画反映了西北地区的历史发展状况、苏州园林映射出独具特色的江南水乡风格。在城市的发展过程中，我们应该在继承保留的基础之上，发挥出历史建筑的价值。历史建筑在改造应用过程中，应注重保持历史建筑的风格，除了历史建筑本身之外，还应当注重周边新建建筑与历史建筑的风貌统一，不失环境协调。历史建筑与周边环境的风格统一可以增强城区的自我感知，对于建筑的保留及文化的传承具有重要的意义。

在该工程案例的进行过程中，选择与区域贴切的建筑语言与材料，强化城市区域感知，如图 3-03-11 和图 3-03-12 所示。

图 3-03-11　建筑材料对比图

5. 项目总结

黄浦区 094-01 地块新建九年一贯制学校、高级中学项目是高密度老城区的历史建筑保护与历史建筑的升级改造的典型缩影。

通过平移中共上海区委早期党校旧址和又新印刷所旧址，修缮保留的黄陂南路 575 号民宅，打造爱国主义教育基地，使历史保护建筑得到了整体保护保

图 3-03-12 项目效果图

留，并体现了其历史价值。同时，通过优化空间布局、动静分区、优化地下空间利用及人车分流等措施和方案，新建 1 所九年一贯制学校和 1 所高级中学，修缮瑞华坊以用作学生宿舍，在注重历史风貌与现代建筑的融合的同时，升级改造历史建筑以满足学校住宿的功能需求。

04 本篇小结

本篇基于3个案例(包括黄浦区虎丘路95号文物保护点改造项目、黄浦区105号地块李惠利中学扩大教育用地项目、黄浦区094-01地块新建九年一贯制学校、高级中学项目),从不同的角度对各历史建筑的升级改造过程进行分析(包括项目概况、功能诉求、功能优化、方案设计与内容、设计意向、项目总结五部分)。一方面在技术上,建筑改造做到“修旧如旧”,减少对建筑风貌的扰动和影响;另一方面,对建筑内部空间进行升级改造后,满足了当代社会的承载或功能需求。历史建筑升级改造将在未来很长一段时间内成为城市发展不可避免的课题。

第四篇　建筑的现代化改造

就目前存在的大多数建造工程而言，其建筑建造方式与管理模式较为单一。建筑施工过程中仍是以大部分的施工现场施工为主，施工任务难以做到明确化的分工，同时在整个施工过程中，噪声与扬尘监控缺乏及时有效的反馈机制，或反馈过程中存在一定的滞后效应，导致建造效率和信息传递速度较低，生产效率和质量难以得到最本质的提高。同时，缺乏高效互动的现场管理模式，各部分人员多为 1 to 1 to 1 的管理机制，难以形成相互反馈与实时信息更新的协同工作模式。生产过程中的自动化与信息化程度还有待于进一步提高。建筑的现代化改造是基于传统的建筑生产流程，并在建造过程和后期管理中引入装配化技术、自动化系统、信息化技术、物联网等技术，提高建筑的生产效率、落实建筑生产的环保要求、加强建筑生产和管理环节中的监控机制、方便后期的施工管理、辅助决策等。

装配式技术，是指把传统建造方式中的大量现场作业工作转移到工厂进行，在工厂加工制作好建筑用构件和配件（如楼板、墙板、楼梯、阳台等），运输到建筑施工现场，通过可靠的连接方式在现场装配安装而成的建筑。装配式建筑主要包括预制装配式混凝土结构、钢结构、现代木结构建筑等，因为采用标准化设计、工厂化生产、装配化施工、信息化管理、智能化应用，是现代工业化生产方式的代表。2015 年，住建部出台《建筑产业现代化发展纲要》，计划到 2020 年装配式建筑占新建建筑的比例 20%以上，到 2025 年装配式建筑占新建筑的比例 50%以上。近年来，装配式建筑因高效率、能耗低、高环保等特点得到了快速发展。

建筑自动化系统，主要是对建筑物机电系统进行自动监测、自动控制、自动调节和自动管理的系统。通过建筑自动化系统实现建筑机电系统的安全、高效、可靠、节能的运行，实现对建筑物的科学照明系统化管理。所谓建筑物机电系统，通常包括采暖空调系统、冷热源系统、给排水系统、照明系统、电梯与扶梯、建筑围护结构等。自动化采暖空调系统应通过控制室内温度、湿度和空气质量，以提供满足建筑物的使用要求（对于工业建筑和实验室）并向使用者提供健康舒适的室内环境。自动化冷热源系统应满足为采暖空调系统要求而设立的冷冻站、换热站、锅炉等设备和系统。自动化给排水系统应对供水系统状况进行监测，对水泵等设备进行控制。自动化照明系统监测建筑物各照明系统状况，并对部分系统，尤其对公共区域照明系统，进行各种控制。自动化电梯与扶梯系统除了电梯、扶梯自身的控制系统外，建筑自动化系统要求监测各电梯、扶梯的状态，有些场合还要求一些必要的集中控制。自动化建筑围护结构系统应对窗的开闭、各种遮阳装置的调整、建筑物的自然通风等实现自动控制，以同时满足采光要求、通风要求以及热环境要求。

建筑行业信息化技术(Building Information Modeling, BIM)，是以3D可视化模型形式展示建筑等设计、施工和管理，其保留了建筑工程等全生命周期信息，核心是协同合作。其需要综合各类建筑工程项目信息来建立三维建筑模型。应用BIM技术除能够建立建筑模型以外，更主要的是其应用会贯穿于建筑工程项目的整个生命周期，并进行了信息集合，BIM技术拥有传统工作模式以及协同管理模式不具备的优势特点，改变了传统粗放型施工的弊端，而实现了向先进集约型施工方式的转变。其在施工控制和可视化模拟方面进行了创新，能够实现可视化效果设计，检验模型效果图，实现4D效果模型设计以及监控等功能。BIM技术可以准确无误地调用数据库中的系统参数，加快决策尽速，实现项目高质量的目的，有效降低成本和资金投入。最终实现建筑施工的全程控制，控制施工进度，节约资源，降低成本，提高工作效率。BIM技术的出现掀起了建筑行业的一场信息技术变革，从此建筑行业变得更加精细化、高效化和统一化。

物联网指的是将无处不在的末端设备和设施，包括具备"内在智能"的传感器、移动终端、工业系统、数控系统、家庭智能设施、视频监控系统等和"外在使能"(Enabled)，如贴上RFID的各种资产、携带无线终端的个人与仪器设备等"智能化物件或动物"或"智能尘埃"(Mote)，通过各种无线和/或有线的长距离和/或短距离通信网络实现互联互通(M2M)、应用大集成，以及基于云计算的SaaS营运等模式，在内网、专网、和/或互联网环境下，采用适当的信息安全保障机制，提供安全可控乃至个性化的实时在线监测、定位追溯、报警联动、调度指挥、预案管理、远程控制、安全防范、远程维保、在线升级、统计报表、决策支持、领导桌面等管理和服务功能，实现对"万物"的"高效、节能、安全、环保"的"管、控、营"一体化。

建筑的现代化改造是基于传统的建筑生产流程，并在建造过程和后期管理中引入装配化技术、自动化系统、信息化技术、物联网等技术，提高建筑的生产效率、落实建筑生产的环保要求、加强建筑生产和管理环节中的监控机制、方便后期的施工管理、辅助决策等。

01 幼小衔接的不仅仅是课程

——以董家渡18号地块小幼联合体项目为例

项目基地位于董家渡18号地块的东部，项目建设的目的是在这个基地建设一所小学与幼儿园的联合体。董家渡地块位于上海浦西中心地块，区位条件优越，周边开发定位高，交通情况复杂，道路资源和通行能力有限。同时，基地周围建筑高度和建设强度较大，形成高密度的城市中心密集区。如何在不影响周边建筑和交通的情况下进行小幼联联合体建筑的建设，成为一个难题。BIM技术结合装配式技术是现代土木发展的新方向，其可以快速、高效地进行建筑施工，同时对城市影响较小，施工周期较短。可以极大减小对周边建筑的影响。项目采用BIM加装配式建筑技术，极大地提高了建筑的效率，避免了对周边环境的扰动，这也是未来建筑行业发展的新趋势。

1. 项目概况

1）基地区位

图4-01-1为基地区位示意图。项目建设地点位于黄浦区董家渡聚居区18号地块315-02街坊，基地东至薛家浜路，南至多稼路，西至315-01街坊，北至规划东江阴街，南北长约84 m，东西长约176 m，基地用地面积为14 503 m^2，用地为长条形，项目基地位置示意图详见图4-01-1。该项目拟新建1所12班的幼儿园和1所36班九年一贯制的学校，九年一贯制学校位于东部，幼儿园位于西部，远期根据区域人口结构变化需调整教室结构。

2）项目背景

因董家渡13号、15号地块旧区改造，拆除了社区范围内原有教育设施共计9处，建筑面积合计约16 736 m^2，占地面积约11 508 m^2。旧区改造实施后，根据详规，在董家渡18号地块内统一规划建设教育设施，总占地面积达到约14 503 m^2，总建筑面积达到约59 921 m^2，在实现教育资源的“集零为整”的同时，较原有规模有较大提高。项目用地的东侧为小学，中间为幼儿园，西侧为养

图 4-01-1　基地区位示意图

老院。由于用地紧张，小学与幼儿园需要进行部分衔接来满足整体的规划要求。

2. 项目建设的意义

1）项目建设符合控制性详细规划调整的要求

2018 年 3 月，上海市规划和国土资源管理局组织编制了《黄浦区董家渡社区 C010401 单元控制性详细规划 315 街坊局部调整（实施深化）图则》（以下简称《调整控规》），对 315 街坊原 02、03 地块进行了合并，统称为 02 地块，并对合并后的 02 地块用地面积、容积率、建筑高度等指标进行了调整，明确了配套设施设置要求，项目建设符合控制性详细规划调整的要求。

2）项目建设符合上海市教育事业发展规划的要求

上海市政府积极倡导优先发展基础教育，《上海市中长期教育改革和发展规划纲要（2010—2020 年）》提出：未来上海教育事业的改革和发展，要以育人为本，把“为了每一个学生的终身发展”作为核心理念。“要求未来上海的教育，着眼于学生长远发展和社会文明进步的需要，全面实施素质教育，使所有学生的个性特长得到发展。”学前教育是基础教育的重要组成部分，发展学前教育，对促进儿童身心健康，实现教育均衡发展，提高国民整体素质，办好让人民满意的教育具有重要意义。该项目将建设现代化的幼儿园和小学，符合上海教育事业发展规划的整体要求，将为上海全面提高基础教育和学前教育水平作出贡献。

3）项目建设有利于推动旧区改造工作的进行，满足区域发展的需要

董家渡社区位于黄浦区东部，按规划未来将形成集商务、教育、居住为一体的大型社区。随着社区建设的推进，董家渡社区教育资源的重新平衡与调整成为落实该地区建设规划、完善公用配套设施的重要内容之一。该项目新建一所12班规模的幼儿园和一所36班规模的九年一贯制学校，能够更好地满足该区域居民对基础教育和学前教育的需要，有利于为社区创造良好的发展环境，提升社区的生活品质。

4）项目建设有利于区域教育资源的整合，提高区域教育的整体水平

黄浦区地处上海市中心城区，经济和社会发展水平处于全市前列，要求教育资源的水平能够与之适应并且能适度超前。特别是基础教育作为教育的主要组成部分，必须适应黄浦区经济和社会发展的要求。在上海市政府大力发展基础教育的精神指导下，黄浦区也一直致力于大力发展教育事业，加强学校标准化建设，优化教育布局，整合教育资源，以提高教育资源的利用效率，促进区域教育发展。因董家渡13号、15号地块旧区改造，拆除了社区范围内原有教育设施共计9处，建筑面积合计约16 736 m^2，占地面积约11 508 m^2。旧区改造实施后，根据详规，在董家渡18号地块内统一规划建设教育设施，总占地面积达到约14 503 m^2，总建筑面积达到约59 921 m^2，在实现教育资源的“集零为整”的同时，较原有规模有较大提高。该项目的建设作为董家渡社区教育资源整合的内容之一，将有利于进一步优化黄浦区教育资源的布局，创造良好的发展环境，提高区域教育设施的整体水平。

5）项目的建设有利于充分利用地下空间，促进城市可持续发展

地下空间的开发对解决城市交通拥堵、改善城市环境、保护城市景观和减少土地资源浪费等方面都有着不可替代的作用，大城市发展离不开地下空间的合理利用，目前世界上的大城市都在加紧研究开发利用地下空间。开发城市地下空间的最终目的，是通过减少地面建筑和交通量，让人们取得更多的开敞空间、更充足的阳光、更新鲜的空气、更方便的交通、更优美的景观和更舒适的生活。土地面积仅占全国0.06%的上海市，为了突破土地资源不足而制约发展的瓶颈，就必须加快速度科学、合理、有序地开发地下空间资源，以此作为可持续发展的一条有效途径。

近年,上海在地下空间资源的开发方面已取得显著进展,各类地下广场、地下街、地下停车设施等为解决城市道路交通问题以及中心城区机动车停车难发挥了重要作用。未来上海将利用地下空间构筑现代化、立体化的城市交通体系,进一步加快地下空间的开发。该项目拟在基地内建设地下停车库,项目的建设有利于充分利用地下空间,进一步促进黄浦区城区的可持续发展。

3. 功能诉求

1) 缩短施工工期,减少对周围交通和建筑的影响

因为项目处于高密度地区,交通和建筑空间有限,交通流量比较大,且项目基地南侧为单行道,因此需要采取一些建筑新技术来缩短施工工期以及减少对周围交通和建筑的影响。

2) 幼儿园设计要点

人车分行的车辆管控与组织方式、人性化家长接送等候区、确保幼儿活动单元日照达标、特色化教学空间和活动空间、跑道活动场地、分班场地、儿童游泳馆、剧场、植物园及教育用房。

3) 小学设计要点

人车分行的车辆管控与组织方式、人性化家长接送等候区、拓展日照达标的普通教室数量、地下一层空间的高品质有效利用、跑道、足球场、风雨操场、半标准泳池、剧场、礼堂及预留拓展教学用房。

4) 指标需求

基地建设需要同时满足西侧养老院需求、中间幼儿园需求、东侧的小学需求。其中,养老院需要床位不少于 450 个,按每床 25 m^2 标准配置,共需建筑面积不少于 11 250 m^2。养老院一楼为派出所,派出所对建筑首层面积和总建筑面积要求较高。

5) 教室需求

幼儿园需要 12 个班单位,室外需设置完整的游戏场地。小学需普通教室 36 间,室外需七人制足球场及 200 m 跑道,另需在地下设置各类拓展教室。

6) 其他需求

菜市场在地下一层,入口处须设置下沉式广场,并设置自动扶梯。内部拥有下沉庭院采光通风,同时基地内须额外考虑为南浦大楼设置 46 个停车位,如图 4-01-2 所示。

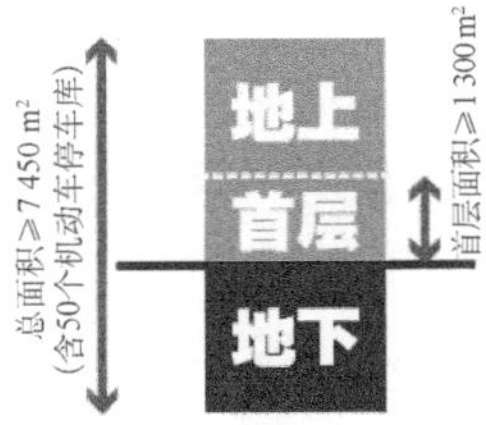

❶派出所对建筑首层面积和总建筑面积要求高

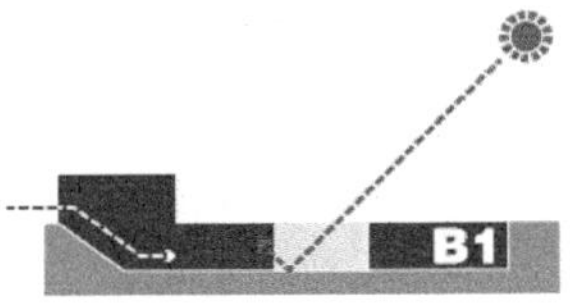

❷ 菜市场在地下一层，入口处须设置下沉广场并设置自动扶梯，内部应有下沉庭院采光通风

❸ 养老院需要床位不少于450个，按每床25 m²标准配置，共需建筑面积不少于11 250 m²

❹ 小学需普通教室36间，室外需7人制足球场及200 m跑道，另需在地下设置各类拓展教室

❺ 养幼儿园需12个班单元，室外需设置完整的游戏场地

❻基地内需额外考虑为南浦大楼设置46个停车位

图 4-01-2　项目功能诉求示意

4. 方案设计与理念

1）方案设计与内容

原有建筑拆除后地势平坦，建设用地三面环路，场地相对独立。基地南侧为高层住宅建筑，东侧为高层住宅、办公建筑；北侧为新建住宅和旧城改造征收的旧式里弄住宅。根据初步日照分析，幼儿园及九年一贯制学校的主要教学、活动用房宜布置在基地的北侧及东侧，本身建筑日照不受周边建筑影响，也不会造成对周边建筑的日照影响。校园基地受到用地面积指标较低的限制，传统的校园空间组合方式无法同时提供充足的教学空间与活动空间，故拟采用全新的校园空间组合形式——屋顶活动空间、下沉广场式活动空间、首层至下沉广场生态花园与建筑主体巧妙融合。不仅可满足所需的基本教学功能，还可拓展更多丰富的教学环境。

该项目主要建设内容包括 1 幢地下 3 层、地上 4 层的幼儿园教学楼，设置卧室、各类活动间、办公室、各类辅助用房及地下机动车停车库等；1 幢地下 3 层、地上 7 层的九年制一贯学校教学楼，设置教学及教学辅助用房、办公用房、生活用房等基础用房和学生剧场、体育馆（地下）、游泳馆（地下）、创新实验室、图书馆、安全教育共享场所等拓展用房，以及地下停车库等；同步实施室外整体工程等。项目总建筑面积为 59 921 m²（地上建筑面积为 24 600 m²，地下建筑面积为 35 321 m²），其中：学校建筑面积为 36 363 m²（地上建筑面积为 17 350 m²，地下建筑面积为

19 013 m^2)，幼儿园建筑面积为 11 250 m^2(地上建筑面积为 7 250 m^2，地下建筑面积 4 000 m^2)，地下停车库建筑面积 12 308 m^2。

项目采用 BIM 协同进行设计加装配化施工的方式，BIM 模型基本囊括了项目的全部信息，使得施工前便可模拟整个施工过程，同时上海老城区地下管线众多，BIM 技术可以防止建筑施工引起的构件碰撞问题。整个模型的信息文件由设计方交至施工方，施工完成后由运营方保存，这样能完整保存项目全生命周期的全部文件，方便后期的维护管理。同时，装配式施工具有“高效率、高质量、低能耗、低污染”等优势，符合上海高密度老城区的建设需求，减少了对周边环境和交通的影响，同时符合《“十三五”装配式建筑行动方案》中提到的大力发展装配式建筑的规划目标。

2) 设计理念

(1) 建筑绿廊设计

项目设计过程中，通过衔接各个建筑，在各个建筑之间充满过渡区域，使整个建筑设计成为整体。同时，通过多层次的绿化形成连续的绿轴，为城市提供丰富愉悦的视觉景观。绿廊串联起各地块的公共空间，形成具有吸引力的绿色脉络。幼儿园与小学之间设计为较多的共享空间，在提高用地效率的同时，增加了建筑结构的丰富性，图 4-01-3 为建筑绿廊的设计。

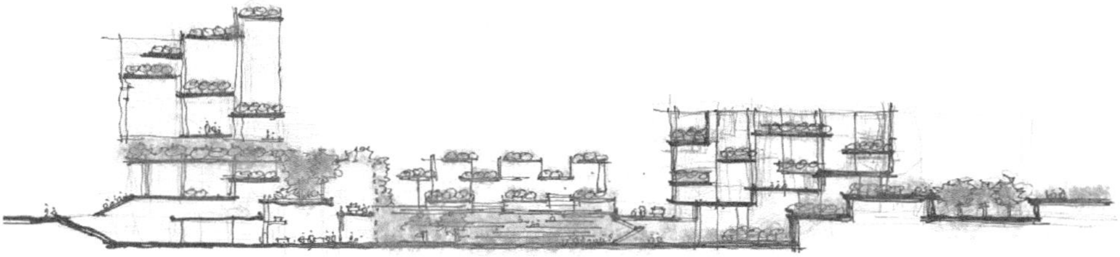

图 4-01-3 建筑绿廊设计

(2) 建筑用地策略

在进行建筑面积的衔接调整之前，部分幼儿园教学楼的日照面积较小。而在衔接之后，对小学和幼儿园的用地分界线进行了调整，更加适合建筑的平面布置，有利于合理布置建筑和操场空间。合并之后，幼儿园用地面积不变，满足日照要求的用地面积得到增加。因此，各自用地条件均得到优化。图 4-01-4 为建筑衔接后的建筑用地策略。

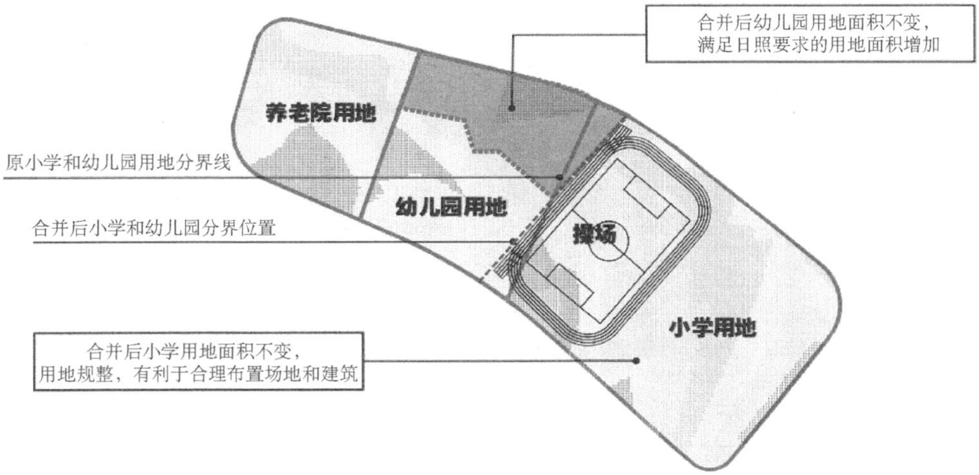

图 4-01-4　建筑用地策略

（3）功能策略

在基地内部进行幼儿园和小学的建设过程中，通过共享策略满足了幼儿园和小学对于建设功能的需求，提高了土地使用效率及建筑的利用频率。功能共享包括地下车库共享、操场分时共享、家长接送带共享。地下空间停车场的利用满足了基地内部的需求，同时为杨浦大楼提供了部分地下停车位，解决了基地周边停车困难的问题。图 4-01-5 为幼儿园与小学采用的建筑衔接共享策略。

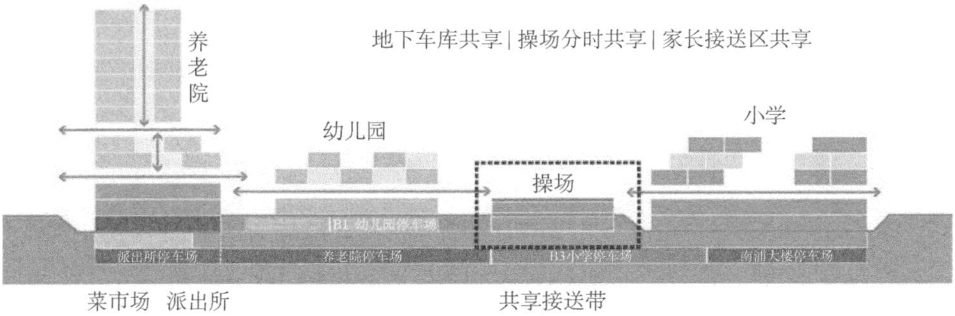

图 4-01-5　建筑衔接共享策略

（4）布局方案

图 4-01-6 为项目基地建筑设计的生态主轴剖透视示意图，通过设置生态绿谷和生态庭院，改善了地下室空间的通风和采光条件，同时操场架空进一步优化了其下方的大礼堂、风雨操场和游泳馆等大空间的空间品质。

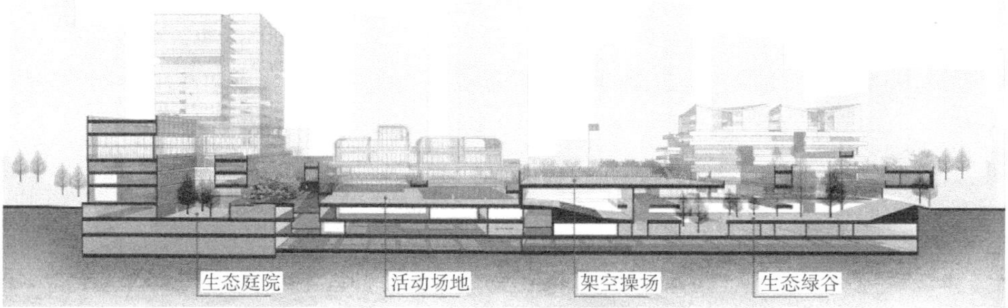

图 4-01-6　生态主轴剖透视示意图

5. 社会影响分析

1）社会效益

该项目的建设符合上海市教育事业发展规划，有利于完善黄浦区基础教育设施的布局，创造良好的发展环境，提高全区学前教育和基础教育的整体水平。该项目的建设体现了董家渡地区的区域发展规划要求，将进一步完善黄浦区董家渡社区的教育配套设施，有利于推动旧区改造工作的进行，满足社区内居民对学前教育和基础教育的需求，提升社区的生活品质，具有良好的社会效益。

2）社会稳定风险

根据《上海市重点建设项目社会稳定风险评估报告编制指南》和《上海市重点建设项目社会稳定风险评估报告评价指南》的通知，经对照分析，初步识别该项目在项目前期、施工和运行阶段主要存在的风险为：项目前期阶段主要是工程基础施工影响周边建筑使用安全等引发的风险、施工期影响周边居民生活环境等引发的风险、运行期影响周边环境引发的风险等。

目前，基地的征收工作已完成，故不会发生因房屋征收而引发的社会稳定风险事件；另外，该项目为民生项目，有利于缓解区域内入园难、入学难的矛盾，群众较为欢迎。可通过诸如研究制订施工期间交通组织方案、加强施工期的组织与管理、积极回应周边利益相关方的诉求等应对措施来预防、化解风险。因此，该项目今后发生社会稳定风险事件的概率较低，发生群发性社会稳定风险的可能性较小。

6. 结论

该项目拟在基地内新建一所 12 班幼儿园和一所 36 班九年一贯制学校的联合体（图 4-01-7）。项目主要建设内容包括 1 幢地下 3 层、地上 4 层的幼儿园教

图 4-01-7 项目效果示意图

学楼，主要设置卧室、各类活动间、办公室、各类辅助用房及地下机动车停车库等；1 幢地下 3 层、地上 7 层的学校教学楼，主要设置各类教室、图书馆、体育馆、游泳馆、办公室、厨房、各类辅助用房及地下停车库等；同时实施室外总体工程等。该项目建设过程中应用 BIM 技术排除了地下施工过程中存在的管线碰撞问题，同时加快了各单位间的信息流转，缩短了项目建设工期。采用装配化技术避免了对周边建筑和交通所产生影响，同时提高了施工效率和质量。项目绿廊设计提供了丰富愉悦的视觉景观，衔接共享的用地策略优化了幼小各自的用地条件，生态绿谷和生态庭院的设计优化了建筑大空间的空间品质。

该项目的建设符合上海教育事业发展规划；有利于推动董家渡聚居区旧区改造工作的进行，满足区域发展的需要；有利于区域教育资源的整合和整体水平的提高。项目完成后，校舍空间布局和室内外环境同时满足幼儿园和小学教学活动的相关要求和实际需要，同时为周边环境提供了一定的便利，为未来教学空间的修缮与改造提供了新思路。

02 管工地，咱用的是 App

——以上海黄浦"智慧工地"进校园为例

每年暑期来临学生放假，上海各学校都会利用这一难得的校舍空置时间进行校舍修缮、装饰装修。黄浦区地处上海市中心城区，蕴涵着丰富的优质教育资源，暑期工程的建设承载了繁重的压力，而传统的暑期工程管理存在成本高、人力不足、非动态性等的弊端。因此黄浦区率先对暑期修缮工程提倡采用智能监控管理的方法——校园智慧工地监测系统，借助于自动化技术、信息化技术、物联网技术等，进行校园建筑的现代化改造，有助于加强建筑生产和管理环节中的监控机制、方便后期的施工管理、辅助决策等。

1. 项目概况

黄浦区下辖南京东路、外滩、瑞金二路、淮海中路、豫园、打浦桥、老西门、小东门、五里桥和半淞园路 10 个街道。据不完全统计，黄浦区共有幼儿园 47 所，小学 29 所，普通中学 36 所。近年来，随着入学人数的逐年增长，学校的修缮项目越来越多，一个施工管理负责人往往会面临多个工地同时施工的情况。因为教育局校产管理站的管理人员有限，而每个学校的修缮都关系着教育这一民生之基，所以如何对这些工程进行有效和全面的管理成为至关重要的问题。传统的暑期工程管理存在成本高、人力不足、非动态性等的弊端，因此，黄浦区率先对暑期修缮工程提倡采用智能监控管理的方法——校园智慧工地监测系统。

"智慧工地"系统的建设，改变了人工巡视、手工纸介质记录的传统工作方式，着力解决当前工地现场管理的突出问题，围绕现场人员、材料、设备等重要资源的管理，构建一个实时高效的远程智能监管平台，有效地将人员监控、位置定位、工作考勤、应急预案及物资管理等资源进行整合。基于"智慧工地"系统平台，工程建设管理层可以随时随地掌握项目的进展情况，监控现场的施工动态，及时发现问题并督促施工单位、项目负责人及时整改隐患，杜绝各种违规操作和不文明施工现象，促进安全生产和工程质量管理。

2. 校园智慧工地监测系统建设方案

校园智慧工地监测系统的构建框架，由室外环境检测设备、室内扬尘检测摄像头一体化设备以及线上的手机 App 构成。室外的设备位于靠近居民区的方位，主要用于监测扬尘、噪声和 TSP 数值，摄像头原则上施工范围内东西南北各一个，并且在施工现场的入口处安装带有人脸识别的摄像头，做到全方位的覆盖。室内的设备一般安装在楼道内，每一层安装一台，主要监测 PM2. 5、PM10 和一些易挥发的气体，同时带有安全帽识别的摄像头。图 4-02-1 为校园智慧工地在线监测系统的构建框架。

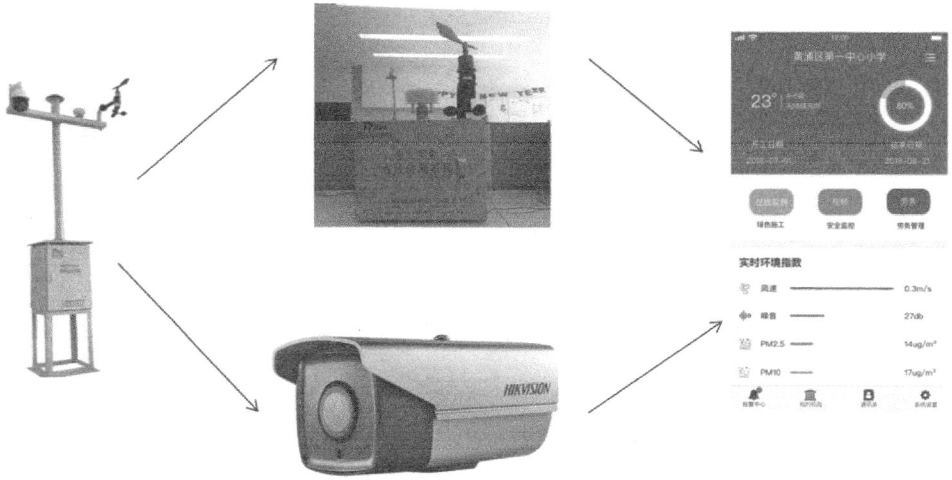

图 4-02-1　校园智慧工地在线监测系统的构建框架

手机 App 是本系统的一大亮点，线下设备每分钟采集一次数据，通过 4G 无线网络实时上传到线上 App，基本上实现了实时远程控制。在项目开始之前，需要将学校及管理人员的信息录入 App 后台系统，在施工单位进场后，手机 App 主界面可以一目了然看到选定学校的数据，并且随时可以切换学校。图 4-02-2 为线上管理概念示意图。

智慧工地采用分级管理模式，监管者对管理项目的权限可进行分级，报警功能也是分级的，按照现场负责人、施工监理、校产站项目管理人员、学校负责老师及教育局领导的次序来报警，在数值超标未改善的情况下，依次一级一级上报。在 App 的报警中心界面，可以看到所有项目检测数值的排序，在数值接近超标时可以对施工方预警。

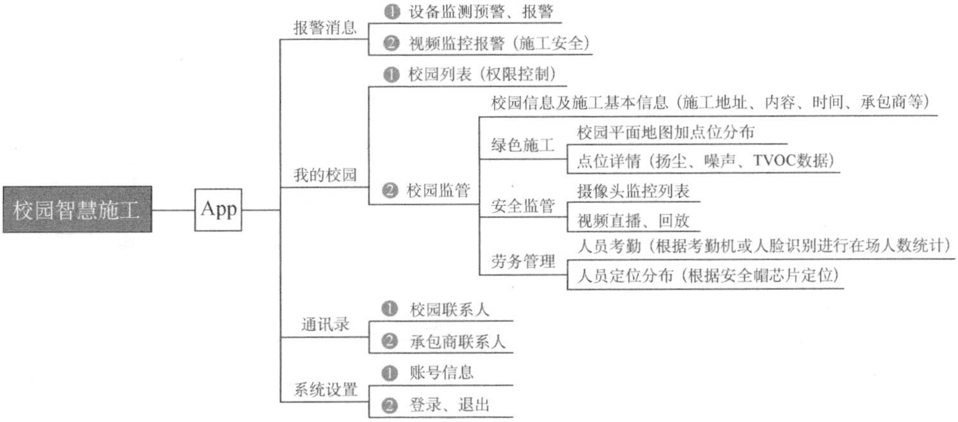

图 4-02-2　线上管理概念示意图

3. 校园智慧工地监测系统内容及要求

1）监测系统技术规范及实施要求

（1）点位设置要求

（a）建筑工程在线监测系统监测点位选址应符合下列要求：

应设置于建筑工程施工区域围栏安全范围内，且可直接监控工地现场主要施工活动的区域；

设置监测点位的，应设置在施工现场的主出入口；

当与其他建筑工地相邻时，应避免在相邻边界处设置监测点；

监测点的位置不宜轻易变动，以保证监测的连续性和数据的可比性；

在监测点周围，不应有非施工作业的高大建筑物、树木或其他障碍物阻碍环境空气的流通。从监测系统采样口到附近最高障碍物之间的水平距离，至少应为该障碍物高出采样口垂直距离的 2 倍；

监测点应设置在相对安全和防火措施有保障的地方；

监测点附近应避免强电磁干扰，周围有稳定可靠的电力供应，方便安装和检修通信线路；

监测点的设置应避免对企业安全生产造成影响；

周边有噪声敏感建筑物的，噪声在线监测点位可单独设置，其设置要求应符合国家现行环境噪声在线监测系统的相关要求。

（b）颗粒物采样口高度一般应设在距地面 3.5 m±0.5 m。

(c) 监测系统各组成部分的相对位置应符合如下要求:

噪声在线监测仪户外传声器应设置在最上端,距离其他任何组件应不小于1.0 m;

颗粒物采样管应垂直设置,采样口到在线监测仪管道长度不应大于2.5 m。

(2) 设备安装要求

(a) 施工现场应做好在线监测设备基础的砌筑或混凝土浇注。设备基础宜根据设备底座尺寸,在其周边增放100 mm;

(b) 监测系统的采样口距离任何反射面应大于3.5 m;

(c) 施工现场应提供220 V~50 Hz交流电源,同时应保证电力供应,以免因断电导致数据中断;

(d) 施工现场宜架设宽带线。

(3) 设备安全要求

(a) 在线监测设备应有防雷和防电磁干扰的设施,防雷接地装置的选材和安装应符合《通信局(站)防雷与接地工程设计规范》(YD 5098)标准的相关要求;

(b) 在线监测设备应制作保护地线,用于机柜、仪器外壳等的接地保护,接地电阻应小于4 Ω;

(c) 在线监测设备仪器电源引入线与机壳之间的绝缘电阻应不小于20 MΩ;

(d) 在线监测设备安装完毕后,确保仪器各方均有0.8 m以上的操作维护空间;

(e) 在线监测设备应设有漏电保护装置,防止人员触电;

(f) 施工现场应配备设备安全防护人员,以避免施工过程损坏监测仪器。

(4) 普通摄像头安装

(a) 普通摄像头原则上施工范围内东西南北各一个;

(b) 尽可能对施工作业现场做到全方位的覆盖;

(c) 室内作业安装在楼道内;

(d) 安装数量以现场实际情况需求而定。

(5) 安全帽识别摄像头

(a) 安装在施工现场的入口处;

(b) 安装数量以现场实际需求而定。

2）监测设备参数

（1）安全帽识别摄像头

品牌为海康威视，型号选用 TTGD－SB－A。采用深度学习算法，以海量图片及视频资源为路基，通过机器自身提取目标特征，形成深层可供学习的人脸图像，极大地提升目标人脸的检出率。

（2）环境污染源在线监控设备

品牌为腾滔科技，选用无组织污染源现场监测设备 TTYC－1101－B－B。腾滔物联网采集单元经过各种恶劣环境和时间的考验，通过不断的改进完善，形成稳定成熟高扩展性的产品，可根据实际需求加载一系列达到国家、国际标准的环境传感器及摄像头，通过主控机进行轮询、超标取证、循环存储、招测和预处理等采集控制功能，并将采集到的数据通过 3G、4G 无线网络进行实时在线上传，成为上层大数据云平台的有力支撑。

3）黄浦智慧校园 App 使用流程

（1）扫描专用二维码，下载安装（请注意区分手机型号）。图 4-02-3 为手机 App 下载界面。

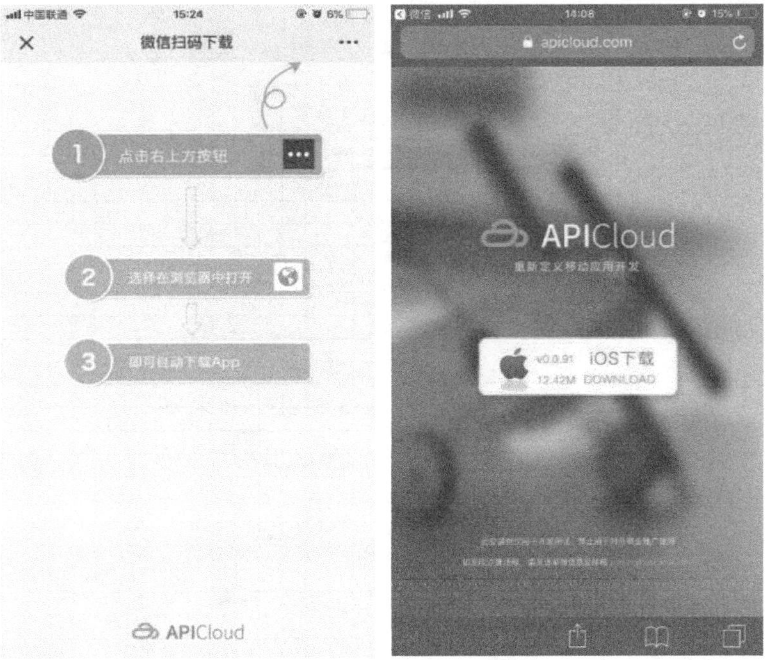

图 4-02-3　手机 App 下载界面

(2) 选择在浏览器中打开链接,然后点击下载,下载手机 App。

(3) 下载完成之后,请在手机设置中打开信任(该步骤仅需苹果用户操作),打开信任在设置-通用- VPN 下面的设备管理内。

(4) 回到手机桌面,查看到校园智慧工地 App 的图标,即表示安装成功!图 4-02-4 为手机 App 图标。

图 4-02-4　手机 App 图标

(5) 输入自己的用户名、密码,即可登录 App。图 4-02-5 为手机 App 登录页面。

图 4-02-5　手机 App 登录界面

(6) 报警概览。图 4-02-6 为手机 App 报警概览展示。

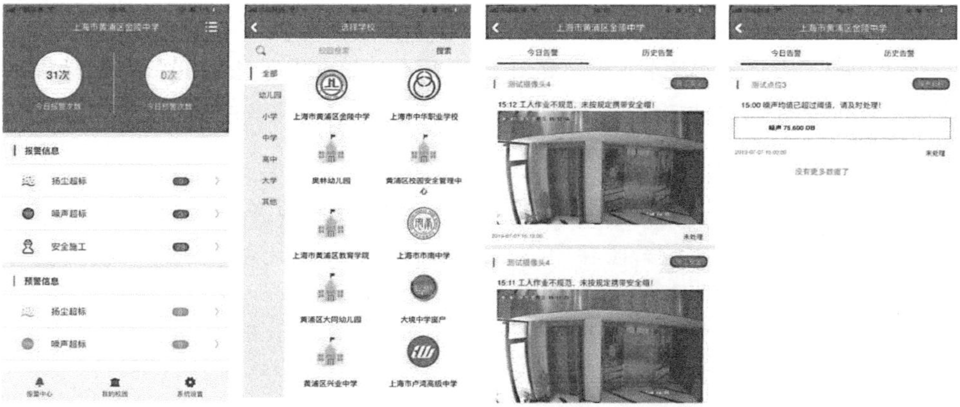

图 4-02-6 手机 App 报警概览展示

(a) 报警总览为扬尘报警、噪声报警、安全帽报警三种类型的报警总数。

(b) 不同种类的报警信息，点击可查看详情。

(c) 点击右上角列表图标，可根据选择的不同的学校查看该学校的报警信息。

(7) 我的校园。图 4-02-7 为手机 App 校园总体情况展示。

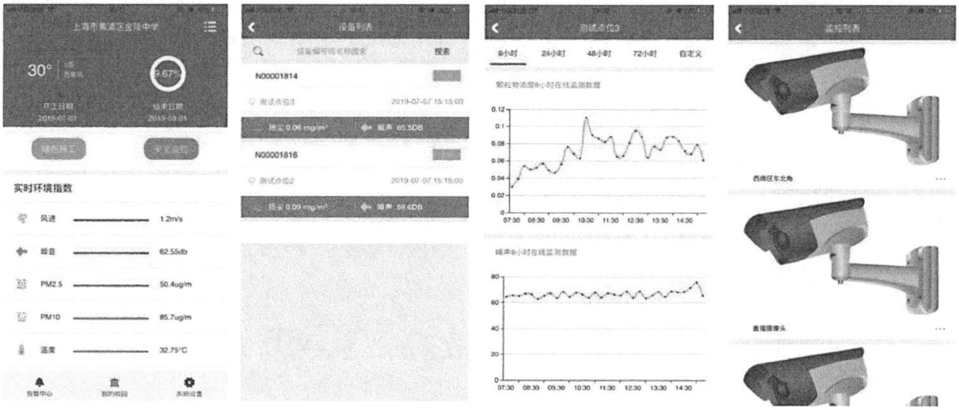

图 4-02-7 手机 App 校园总体情况展示

(a) 校园总览：头部显示了当前学校的名称，当前的天气状况，开工日期，竣工日期，施工进度等基本情况。

(b) 监控信息：页面中部主要包含了校园在线监测设备与摄像头信息，点击具体的模块即可查看相应的信息。

(c) 在线监测：主要包含了校园安装的在线监测设备信息，点击可查看具体设备的在线监测数据情况，主要包含噪声与颗粒物浓度的数据。

(d) 摄像头直播与点播：主要包含了校园安装的摄像头信息，点击可查看具体监控探头的实时视频与历史情况，点击下方的日期可查看历史录像信息。

4. 校园智慧工地监测系统特色

(1) 易于布置。设备在将来安装过程中方便快捷，一天可以安装5个校园。

(2) 拓展性强。未来可以接入可扩展各种环境监测、过程监测设备，或接入其他系统数据。

(3) 快速响应。做到一分钟响应，每分钟一个数据，实时上传并且可同时传达多处。

(4) 分级预报警。1分钟发送到现场负责人，30分钟发送到施工监理，60分钟发送到学校负责人，120分钟发送到教委负责人。

5. 校园智慧工地监测系统评价

1) 应用成效

利用先进的数据采集技术，将工地环境的真实场景数字化，然后将各数据集成到监测平台上，可以直接集成大数据，也可对大数据进行分析，实现校园工地项目数据的展示及辅助决策等功能。降低工地环境对周边校园环境的影响，减少因施工产生的空气、噪声污染，避免影响学生们的正常学习。

2) 成果形式

(1) 可视化：将平面化、表单化、矢量化的海量数据，直接在监测平台中动态展示，直观高效。

(2) 实时性：校园检测中的数据系统，是由4G网络基础设施实时采集的，与现实世界中数据基本完全同步。

(3) 快速规模化生产能力：运用自研的系统平台，可以快速对接新的校园工地项目，根据每个校园的需求情况而定，在较短时间内完成现场对接，生产效率大幅提高。未来前景可期，可以做成一个独立产品，在指定项目模型上独立实现环境监测、安全监测等功能，也可以做成一个平台产品，将第三方做好的模块数据直接接入平台。

6. 社会影响分析

1) 减少安全隐患

对施工现场的作业人员，可以起到实时监管的作用，远程查看其作业过程的是否符合安全规范，如较危险的脚手架等，远程查看作业人员及管理人员在作业现场是否佩戴安全帽和其他安全措施。同时，便于追责，实现了摄像头 24 h 全方位监控，30 d 录像回放，可防止纠纷。

2）远程把控工程

对于项目管理人员来说，可以通过智慧工地 App 的运用，在多个项目工地无法抽身之时，第一时间对工地作业现场的建设情况进行监控和管理；对于各学校的总务老师来说，可以对自己校园辖区内施工的情况随时进行了解，有不合学校要求的意外情况也可以及时知晓并通知整改；对于教育局领导来说，能有效提高管理效率，整个区的施工校园一目了然，实时监管。智慧工地采用分级管理模式，按照监管者管理项目的权限进行分级，在数值超标未改善的情况下，依次一级一级上报。在 App 的报警中心界面，可以看到所有项目检测数值的排序，在数值接近超标时可以对施工方预警，实现了工程管理的信息化，通过指尖触碰实现了在分身乏术之时对突发事件的及时处理。

3）绿色文明施工

黄浦区校园多位于居民区中，不文明的施工会影响周边环境质量，为周边居民的生活带来不便。校园智慧工地监测系统的应用，能够最大限度地保证文明绿色施工，尽可能地将危害降到最低，最大限度地实现了对污染物的实时控制，而不是传统的事后控制方式，节约了大量人力财力成本。真实有效的扬尘、噪声、TVOC 等监测数据可以为监管部门提供有力的证据，起到了对施工单位的督促作用。

7. 结语

教育系统引入校园智慧工地监测系统后，给学校的工程项目管理带来了很大的变革。教育现代化以教育的信息化为动力，同时，教育事业顺应发展必然选择现代信息化的方式。各地的教育信息化建设都在进行着各种尝试，为了更好地“教育”，每一个教育工作者都在尝试着突破以往的限定，尝试着突破空间的限制，尝试提高教学环境质量，尝试降低工程对周围环境的影响，不断深入深水区从而为教育找到更新、更好的出路。黄浦区教育局校产管理站致力于通过各种技术手段，提升黄浦区校园总体数字化、信息化水平，将学校的建设与教育信息化合二为一。校园智慧工地监测系统对教和学起到了促进与提升的作用，必将改善我们的校园工程环境，提升智能化服务水平。

在校园环境建设发展的过程中，必然会产生很多问题和困难，唯有高度重视这些问题，认真地研究其原因并加以解决，才能建成健康可持续发展的校园，才能保证校园在学校教育教学中发挥更好的作用。想要更好地实现校园工地环境的设计效果，只有通过实践来检验和修正，不断地发现问题和解决问题。

03 从“智慧工地”看创新思维

——基于“智慧工地”的发展

本文主要介绍校产管理站从 2019 年暑期开设试行的、2020 年暑期全面推行的“校园智慧工地监测系统”(以下简称“智慧工地”)及实施过程中形成的一些思考。

1. 课题的设立由来

2019 年，校产站中心学习组在学习过程中，对创新思维的理论学习多有涉及，同时也反复思考讨论如何把学习的成果转化为在实际工作中的运用。中心组形成一个共识，结合我们的工作特点，在承担学校建设的工作中，根据时代的要求，探索创新的管理思维，引进新的管理模式和管理手段，提高为教育一线服务的能力，为黄浦教育的大发展做更大的贡献。年末，在对一年的工作回顾中，有人提议当年暑期在部分学校试行的“智慧工地”项目虽然还有不少需要改进的地方，但其理念符合创新思维的要求，可以列为一个专门课题，通过实践进行论证、检验，从而探索在施工管理中引进创新管理方法的可能性。在对这一项目进行初步的分析讨论后，这一提议得到了中心组的赞同，于是在 2020 年，由中心组负责校园建设的几名同事会同最早提议这一项目并试行的工程建设计划部的同事一起，就这一课题进行了研究和实践。

2. 项目的基本情况

每年学校暑期来临，各校都会利用这一难得的校舍空置时间进行校舍修缮、装饰装修，以提升办学条件，适应新形势下教育课程改革的要求。黄浦区地处上海市中心城区，有百余所中小学和幼儿园，暑期工程的建设承担着繁重的压力，特别是由于历史原因，许多学校和居民住宅紧密相连，工程管理难度较大，暑期的集中施工常会引发居民与校方或工程队的纠纷。而近年来由于各种原因，学校的修缮项目越来越多，一个施工管理负责人往往会面临多个工地同时施工的情况，以前老的管理办法渐渐跟不上形势的变化，其管理成本高、人力疲于应付、非动态性等弊端日益显现。因此，如何改进管理手段成为至关重要的问题。

为了解决这个难题，校产站工程建设计划部最先提出了对暑期修缮工程采用智能监控管理的方法——建立校园智慧工地监测系统。

这是一个实时远程控制系统，应用了当下广为使用的手机 App 软件，通过线下设备每分钟采集一次数据，经 4G 无线网络实时将数据上传到手机 App。在将相关信息录入后台后，从施工单位进场起，手机 App 主界面就可以一目了然地看到选定学校工地的数据，并且随时可以在不同的学校工地间切换。系统采用分级管理模式，监管者管理项目的权限可进行分级。

以系统的功能之一"报警系统"为例，系统规定了一系列的现场管理项目监测数据，一旦监测数据异常，系统将按照现场负责人、施工监理、校产站项目管理人员、学校负责老师、校产站领导和教育局领导的次序，根据异常情况发生的等级进行分级报警。此外，在系统的报警中心界面，可以看到所有项目监测数据的排序，在数据接近超标时，管理人员可以提前对施工方实施预警。

2020 年暑期，我们在大部分学校施工工地都安装和使用了这一系统，从实施效果看，在以下几个方面取得了初步的预期效果：一是通过远程查看施工现场的作业人员的作业过程的是否符合安全规范，特别是对危险度高的，如脚手架工程等，远程查看作业人员及管理人员在作业现场是否采取了必要的安全措施，发现存在的漏洞及时预警；二是对于项目管理人员来说，通过智慧工地 App 的运用，在多个项目工地无法抽身之时，可以第一时间对工地作业现场的建设情况进行一定程度的监控和管理；三是校园智慧工地监测系统的应用，能够一定程度地保证文明施工、绿色施工，尽可能将扰民现象降到最低，与居民发生矛盾时也能通过回看视频便于处理问题，同时通过真实有效的扬尘、噪声、TVOC 等监测数据量化施工现场的污染情况，通过对污染物的实时控制保证环保措施的落实。

3. 项目带来的思考

第一，创新不是凭空而来，创新思维也许就在身边，但要发现或者启动这种思维，需要有创新的意识和动力。

如果创新只是在理论上讲来讲去，闭门造车搞创新，一定是"高精尖"的做不来，太"土"的又看不上。不从实际工作中去寻觅"灵感"，创新永远是空中楼阁，而一旦能把实际工作认真梳理，把问题、难点、痛点排摸一下，然后思考要不要去解决，怎么去解决，想法就会出现，创新的第一步就走出去了。再然后就是集大家的智慧,结合实际工作的经验,找到适合的方法。当我们总结暑期校园施工的完成情况时,发现存在的一些问题是因为传统的管理方式已经不能适应目前的管理要求,自然就会思考如何去改变。"这么多工地,管都管不过来,那应该怎么办",当这个思考出现后,"能不能运用当下的技术手段改变和强化管理方式呢"这个想法就会出现,于是就有了"智慧工地"系统。

传统的管理方法大家都比较熟悉,十几年用下来也得心应手了,虽然有时会感到不便,但如果懈怠一点,将就着也还行。引进新的管理方法,管理者需要花时间学习、适应乃至改变管理习惯。新的管理方法可能会遇到一些阻力,或者不尽完美带来一些"副作用",这样的思维方式在一些人身上是存在的,而这正是创新的大忌,是创新往往停留于口头而实际无所作为的原因。这个时候,就需要有一种动力,这种动力来自不断学习后的思想认识的提高,来自爱岗敬业的职业要求。而谁来发动这个动力呢?单位党政领导就是这个动力的发动人、激励者,要让每一名职工都有尝试突破限定模式、现有格局的思维。有了这样的思维意识和动力,才会有将学校工地建设与信息化手段相结合,通过现代技术手段提升校园建设管理水平这样的火花出现。

第二,创新是一个不断努力的过程,创新并不是从一开始就是完美的。"智慧工地"系统在 2019 年实施时就存在一些问题,即便在 2020 年开始全面推行,也远不是尽善尽美的。比如,我们尚不能提供比较确切的数据来反映使用"智慧工地"系统后管理的效率、质量有没有提升?提升了多少?因为我们只走出了第一步,系统还有许多需要完善的地方。确实有一些人对系统的实际作用提出过质疑,在使用中也确实发现了不少需要改进的地方。但是,没有什么事从一开始就是完美的,或者说完美的事物只有在实践的过程中才会形成。面对质疑,是要用更完善的设计、更合理的使用方式来展示系统的使用效果;面对存在的问题,是要结合实际使用的情况,听取各方的意见建议使之完善。2020 年是"智慧工地"系统正式全面推广使用的第一年,我们相信,如果保持强烈的创新意识,坚定的创新信念,切合实际的创新方式,经过 2 到 3 年的完善,这一系统会给我们的学校工地建设管理带来真正的智慧体验。

04 以大数据为中心，建设智慧校园

——以“智慧工地”和大数据发展为例

将信息技术与高校管理服务相融合，是推进高校建设现代化、实现校园运行智慧化的重要途径。随着信息化、云计算等新技术的持续发展，高校的管理服务发生了巨大变化，具备创新功能、融合功能和交互功能的智慧校园构想应运而生，大数据时代的到来，为高校智慧校园建设提出了新的解决方案。智慧校园作为校园治理体系和治理能力现代化的重要建设内容，在高校蓬勃发展，其中数据是智慧校园建设必不可少的核心要素，应当发展以大数据为中心的智慧校园建设思路，推进智慧校园的现代化建设

1. “智慧工地”的发展现状

随着城市建设的不断深入，各种建设工程规模不断扩大，面对建设工地面积大、人员多、设备物资分散和管理作业流程琐碎的特点，采用传统的人工巡视、手工纸介质记录的工作方式，已无法满足大型项目管控的要求。利用信息化手段实现监管模式的创新，解决建设工程中出现的“监管力度不强，监管手段落后”等难题，成为项目建设管理方的必然选择。

“智慧工地”系统的建设，将计算机技术与物联网应用相结合，通过 RFID 数据采集技术、ZigBee 无线网络技术以及视频监控等手段，实现对现场施工人员、设备、物资的实时定位，有效获取人员、机械设备、物资位置信息、时间信息和轨迹信息等，及时发现遗漏异常行为，实现自动化监管设施联合动作，提高应急响应速度和事件的处置速度，形成人管、技管、物管、联管及安管五管合一的立体化管控格局，变被动式管理为主动式智能化管理，有效提高施工现场的管理水平和管理效率。同时，通过与 BIM 的整合，实现项目资源信息与基础空间数据的结合，构造一个信息共享、集成的、综合的工地管理和决策支持平台，实现经济和社会效益的最大化。

基于“智慧工地”系统平台，工程建设管理层可以随时随地掌握项目的进展

情况，监控现场的施工动态，及时发现问题并督促施工单位、项目负责人及时整改隐患，杜绝各种违规操作和不文明施工现象，促进安全生产和工程质量管理。

2. “智慧工地”存在的问题

“智慧工地”自提出以来，得到了相关人士的广泛关注，与此同时，“智慧工地”建设过程中也暴露出一些问题。

1）“智慧工地”的建设仍处于探索阶段

“智慧工地”提出以来，多个建设单位均进行了有益尝试，将“智慧工地”分为基础设施层、支撑平台层、应用平台层、应用终端和信息安全体系等，用以指导“智慧工地”的建设，在这个过程中取得了一定成效。例如，有的企业从材料需求入手，建立管理与技术相融合的“智慧工地”；有的企业在现有的信息化网络建设成果上，通过应用 RFID 等传感技术组建了工地物联网。但由于其建设涉及内容广、覆盖范围大、参与部门多等因素，各个企业的“智慧工地”建设目前仍处于起步阶段。

2）“智慧工地”的部门壁垒尚未打通

在推进“智慧工地”建设之前，企业的各个职能部门已经开始建设各自的网络系统，但往往忽视了系统的兼容性和接口的一致性，导致各部门系统之间存在软件、硬件的壁垒，限制了系统间的数据交换，出现了数据差异，用户使用时仍有不便。例如，虽然企业内不同部门均可通过统一入口登录，但由于各部门系统间的差异，仍会出现同一个数据要在不同的系统中重复输入的现象。在推进“智慧工地”的建设中，既要解决不同系统之间的数据迁移，还要综合考虑新旧系统之间的兼容性，涉及的不仅仅是系统、数据的设计，更重要的是打破企业部门间的壁垒，疏通业务办理流程，实现企业的工作流转、管理服务、协同办公等从“人工”转向“智能”。

3）“智慧工地”的建设红利难以衡量

从目前的研究看，国内参与“智慧工地”建设的企业对“智慧工地”的建设策略、建设方案、关键技术等多有阐述，但对于建设“智慧工地”所产生的直接成效梳理较少。由于“智慧工地”建设尚处于发展期，其建设红利尚未体现，部分已有的成效也是完成建设“智慧工地”时的目标任务，很难客观区分“智慧工地”对企业带来的影响。因此，目前“智慧工地”建设对企业管理效率和收益的改善的直接影响多是定性研究，鲜有定量结论。

4)"智慧工地"的触碰深度较浅

目前的"智慧工地"多停留在打卡定位、工地监控等数据获取阶段,难以获取智慧化生产的海量数据,同时已获取的数据又难以得到充分的分析与应用。当前"智慧工地"的发展深度尚浅,没有真正形成以数据为支撑,以智慧来管理的现代化管理理念。"智慧工地"在硬件和软件的提高方面尚存在一定的差距。

3. 大数据背景下智慧校园建设新形势

大数据时代的到来,结合"智慧工地"的发展,为智慧校园建设提供了新的解决思路。作为大数据相关技术的重要组成部分,数据具有不可忽视的重要作用。

1)大数据是智慧校园建设的有力支撑

智慧校园的一个特点就是高度依赖互联网信息技术,移动终端的选择、信息化平台的建设等各个方面,都是依靠互联网来构建的,在互联网上流动的就是数据,通过大数据系统,可以把工作流程、办事流程固化到计算机系统,减少行政自由裁量权和随意性,提高办事效率,降低行政成本,提升行政效能。因此,智慧校园的建设,需要通过数据实现系统的有效运行。依托大数据推动智慧校园的建设,是支撑智慧校园建设所需技术的基本要求,也是智慧校园建设的必然选择。

2)具有大数据基础的智慧校园建设能够有效推动校园教育活动

在智慧校园建设中充分利用大数据,可以有效推动学校的人才培养与管理服务。一是推动教育数字化进程,提高优质教育教学资源的利用率,为学生提供学习交流的载体,为教师提供更新知识的平台。二是推动实现学校信息管理的智能化与便捷性,增强学校管理服务的感知能力与响应能力,强化学校管理服务的分析判断能力,提升学校的综合管理服务水平,对构建现代校园管理体系、服务体系,助推世界级的教学体系具有积极作用。

3)通过大数据应用,智慧校园能够更好地服务师生

相对于文字理解的差异性,数据具有唯一性的特点,以数据为支撑的智慧校园,能够避免信息的不一致、不对称,维持系统的可靠性和稳定性。基于大数据的智慧校园,可以通过大数据的挖掘与分析,管理和调度学校的各种资源,在实现数据共享的同时,为学校师生提供人、财、物的保障,更好地服务师生。

4. 智慧校园的建设原则

以数据为支撑的"智慧校园"建设在符合《智慧校园总体框架》(GB/T 36342—2018)中的设计标准的同时,还应坚持数据为中心的原则。

1）坚持数据为主的需求导向

智慧校园的建设目的，一方面是推动校园治理体系和治理能力的现代化建设，更好地发挥管理服务职能，为师生提供良好的学习生活环境；另一方面是通过智慧校园建设，为教育教学工作提供相应的软、硬件支撑，提升人才培养质量。智慧校园的使用者、受益者均为师生，在建设智慧校园时，要坚持以师生为中心的理念，把师生当前的迫切需求与未来的长远需求作为输入端，通过可量化的数据分析，分批分期建设，充分发挥智慧校园对服务师生、支撑教育教学的积极作用。

2）坚持统筹规划的平台建设

智慧校园的建设是全面的、立体的，涵盖了校园的软件、硬件建设，是一项系统工程。学校内部各部门之间具有天然的联系，这种联系可以通过数据体现。因此，以数据为媒介，通过数据流梳理各部门间的相互关系，并建设一个以大数据为中心的平台，能够避免建成一个一个相对独立的智慧校园子系统。通过数据共享方式加入平台建设的各部门，可以最大限度地掌握甚至调动各种资源，提供参与建设的积极性与主动性，从而为智慧校园建设提供良好的合作基础。

3）坚持权责匹配的数据管理。

当数据处于静态时，不会影响智慧校园的正常运行，数据一旦发生变化，智慧校园的运行就可能受到影响，加强数据管理，确保数据的准确性、可靠性、稳定性，是智慧校园高效运行的基础。由于智慧校园系统中数据是分散提供、分散使用的，提供数据的一方最了解数据的动态，使用数据的一方最了解数据的去向，智慧校园的数据管理应该坚持权责匹配，按照“谁提供谁审批、谁使用谁负责”的原则确权定责。

4）坚持依法依规的数据安全

智慧校园的建设和运行涉及海量的数据存储与数据共享，既有例如身份证号码、健康程度等师生的个人数据，也包含课程设置、文献资料等的公共信息，保障数据安全是使用数据的前提，也是以数据为中心的智慧校园的生命线。在智慧校园的设计和运行中要充分考虑数据安全，坚持依法依规，分类管理，明确可以共享的数据类型，数据开放的受众范围，数据使用的审批流程，将智慧校园的数据置于法律法规允许的范围内。

5. 智慧校园的实现路径

1）以数据为起点的系统设计

基于大数据的“智慧校园”，需要针对智慧校园建设运行，构建一个具有高度协调能力的组织，全面统筹各项工作，进行智慧校园顶层设计。具体而言，该组织在进行顶层设计时应从以下几方面出发：第一，以数据作为资源统筹的源点。智慧校园的建设，涉及的内容非常广泛，所需的资源也是系统全面的，以数据为中心的智慧校园资源统筹，可以将数据作为源点，梳理与之相匹配的前端与末端资源，整合进入智慧校园建设系统中，加大对资源的调配力度和使用率，为学校的智慧校园建设提供更多的支持。第二，将数据流作为系统流程设计的参考。最大程度实现资源的共享是智慧校园建设的功能之一，而资源的利用率可以通过数据流体现。在进行系统设计时，充分借鉴既有数据在校内的流动情况，以数据的流向作为依据，构建的智慧校园系统符合实际需求，能够实现对资源的最大利用率。

2）以数据为支撑的平台建设

学校已建的业务管理系统中，信息孤岛成为制约智慧校园建设的关键节点。打造一个基于用户需求的数据支撑平台，是下一步推动智慧校园建设的关键。具体可以通过以下途径实施：第一是数据梳理。综合考虑师生对智慧校园的需求、业务部门可提供的数据种类，以及智慧校园建设及运行所需的数据，梳理数据清单、流程清单、责任清单。第二是数据整合。按照数据的来源、性质、内容和去向等，分类整理、高效运用，确保同一个数据来源于同一个入口，缩减数据清单。第三是数据重构。通过数据流分析技术，厘清数据与数据之间的关系，并通过软件系统，实现数据与数据的联动，通过数据平台将数据整合为一个动态响应的整体。第四是数据应用。将数据与实物相连，构建基于大数据的物联网系统，完成智慧校园的闭环设计。

3）以数据为核心的运行模式

由于智能是智慧校园的显著特点，智慧校园系统接收的指令来自人的操作所产生的数据变化而并非操作者本身，智慧校园的运行必然会脱离人的直接控制。在智慧校园的基础上，需求的重要程度、业务的密集程度、服务的最终效果都可以通过数据展现。因此，智慧校园的建设与运行都要以数据为核心，充分发挥数据的作用，用数据说话、用数据决策、用数据管理、用数据创新和用数据应用。数据的运用则分为三个层面：第一层是用数据修正系统。将一个标定数据放入智慧校园系统内，通过观察该数据的流向，就可以发现系统漏洞，检测系统流程设计是否合理、运行方式是否恰当等，为优化系统提供原始依据。第二层是用数据监管校园。智慧校园中的数据应该尽可能多地涵盖校园软件、硬件设备设施。通过监控数据平台的运行,找到异常数据,就能发现问题,并启动响应的反馈机制,启动下一步工作流程。第三层是用数据规划未来。通过分析智慧校园系统中数据的使用情况,可以帮助高校总结教育教学、管理服务的规律,从而为制定政策提供数据支撑。

6. 结语

"智慧工地"的发展对"智慧校园"的建设具有一定的指导意义。"智慧工地"的发展仍存在很多问题,例如"智慧工地"的建设仍处于探索阶段、"智慧工地"的部门壁垒尚未打通、"智慧工地"的建设红利难以衡量、"智慧工地"的触碰深度较浅等。"智慧工地"的核心是基于大数据的处理,以数据为核心的智慧校园建设是未来的发展趋势,充分利用数据在智慧校园建设中的作用,坚持以数据为中心的智慧校园建设方案,并通过数据的显性应用激发智慧校园的活力,是大数据时代为智慧校园建设提供的新思路,对提升校园治理体系和治理能力现代化具有积极作用。

05 本篇小结

本篇基于4个案例（董家渡18号地块小幼联合体项目、上海黄浦“智慧工地”进校园项目、基于“智慧工地”的发展课题、“智慧工地”和大数据发展课题），从不同的角度对建筑的现代化改造内容和过程进行分析（包括项目概况、项目意义、项目内容、实现路径、社会影响等内容）。建筑的现代化改造是基于传统的建筑生产流程，并在建造过程和后期管理中引入装配化技术、自动化系统、信息化技术和物联网等技术，提高建筑的生产效率、落实建筑生产的环保要求、加强建筑生产和管理环节中的监控机制、方便后期的施工管理、辅助决策等，这将是建筑升级改造的发展趋势。